橡胶制品行业清洁生产政策与技术

方 刚　李子秀　党春阁　等 著

中国环境出版集团 · 北京

图书在版编目（CIP）数据

橡胶制品行业清洁生产政策与技术/方刚等著. —北京：中国环境出版集团，2022.11
ISBN 978-7-5111-5293-0

Ⅰ. ①橡… Ⅱ. ①方… Ⅲ. ①橡胶工业—无污染工艺—环境保护—环境政策—研究—中国 Ⅳ. ①X783.3

中国版本图书馆 CIP 数据核字（2022）第 159381 号

出 版 人　武德凯
责任编辑　赵　艳
封面设计　艺友品牌

出版发行　中国环境出版集团
（100062　北京市东城区广渠门内大街 16 号）
网　　址：http://www.cesp.com.cn
电子邮箱：bjgl@cesp.com.cn
联系电话：010-67112765（编辑管理部）
发行热线：010-67125803，010-67113405（传真）
印　　刷　北京建宏印刷有限公司
经　　销　各地新华书店
版　　次　2022 年 11 月第 1 版
印　　次　2022 年 11 月第 1 次印刷
开　　本　787×960　1/16
印　　张　7
字　　数　110 千字
定　　价　48.00 元

【版权所有。未经许可，请勿翻印、转载，违者必究。】
如有缺页、破损、倒装等印装质量问题，请寄回本集团更换

中国环境出版集团郑重承诺：
中国环境出版集团合作的印刷单位、材料单位均具有中国环境标志产品认证。

序

橡胶制品行业是支撑国民经济的重要基础产业，橡胶制品业包含 6 个子行业：轮胎制造，橡胶板、管、带制造，橡胶零件制造，再生橡胶制造，日用及医用橡胶制品制造，运动场地用塑胶制造和其他橡胶制品制造等。近年来随着工业化快速推进，我国橡胶制品行业在生产和应用上，已迈向世界前列，广泛应用于交通运输、军事国防、医疗卫生、农业等多个部门。随着经济社会不断发展，我国橡胶制品行业得到了快速发展，市场需求相对旺盛，其中多种产品的产量已居世界首位。

橡胶制品行业是采掘、交通、建筑、机械、电子等重工业和新兴产业不可或缺的重要基础原料，2017 年我国橡胶消费量为 1 118.7 万吨，较 2011 年增长近 60%，基本保持持续增长。同时，我国也是橡胶制品制造大国，以橡胶制品工业龙头子类——轮胎为例，2017 年我国有 33 家轮胎企业入围全球轮胎企业 75 强，轮胎生产量超过了全球轮胎生产量的一半，实现工业总产值 3 464.9 亿元，占全世界的 14.38%。

橡胶制品行业在快速增长的同时，带来了严重的环境问题，比如在配料、炼胶、压延和硫化等工序都会产生大量废气，废气组分复杂且非甲烷总烃含量高。2017 年，橡胶和塑料制品业挥发性有机物排放量达 40.36 万吨，是挥发性有机物排放量位居前 3 位的行业。

2020 年 11 月发布的《橡胶行业“十四五”发展规划指导纲要》，提到重点放在提高产品质量、自动化水平、信息化水平、生产效率、节能降耗、环境保护、产业集中度、企业竞争力和经济效益上，争取在“十四五”期末（2025 年）进入橡胶工业强国中级阶段。

党的十八大以来，党中央高度重视生态环境保护，坚决向污染宣战，把生态文明建设作为关系中华民族永续发展的根本大计、建设美丽中国的必然选择。党的十九大把污染防治同防范化解重大风险、精准脱贫一起确定为“三大攻坚战”并进行重点部署。党的二十大作出“推动绿色发展，促进人与自然和谐共生”的重大部署，对生态文明建设和生态环境保护工作提出了新的更高要求。我国橡胶制品行业是典型的“大”而不“强”行业，企业环境保护工作起步较晚。2016 年以来，“2+26”传输通道城市每年采暖季的错峰生产方案中均对橡胶制品行业做出规定。2020 年，生态环境部办公厅发布《重污染天气重点行业应急减排措施制定技术指南》，针对橡胶制品行业绩效分级提出明确要求。

从全行业来看，橡胶制品企业环保工作开展程度及污染物治理水平参差不齐，环保装备水平、环境管理水平、能源资源利用率与发达国家还有较大的差距。“十四五”期间，我国将会在巩固污染防治攻坚战阶段成果的基础上，持续打好污染防治攻坚战，持续推进结构调整和绿色发展，持续改善生态环境质量。为满足日益严格的环保要求，不断提升资源能源利用率，提升环境治理水平，减少橡胶制品生产过程中的污染物产生和排放。

鉴于目前橡胶制品行业污染防治技术尚未进行全过程分析，国家及地方颁布的相关环保法规政策尚未进行系统的梳理归纳，制约了企业技术升级和环保管理水平提升。本书全面分析了橡胶制品行业发展现状、污染物排放及治理现状，系统梳理了国家及地方颁布的产业、环境保护及清洁生产方面的法规政策，深入阐述了全过程污染控制技术，同时收集了清洁生产技术典型成功案例。我们相信，《橡胶制品行业清洁生产政策与技术》一书的出版，将给橡胶制品企业技术升级改造、清洁生产技术的应用推广和污染治理水平的提升提供重要参考，为企业绿色可持续发展发挥重要作用。

本书由中国环境科学研究院方刚高级工程师、李子秀高级工程师、党春阁高级工程师共同主持编写，方刚负责全书统稿和整体修改工作。第 1 章橡胶制品行业发展概况，主要由方刚、党春阁编写；第 2 章橡胶制品行业政策法规及技术标准，主要由李子秀、郭亚静编写；第 3 章橡胶制品行业生产工艺及产排污环节，主要由韩桂梅、赵志远编写；第 4 章橡胶制品行业全过程环境整治提升方案，主要由郭亚静、张桂红编写；第 5 章橡胶制品行业清洁生产技术，主要由党春阁、方刚编写；第 6 章橡胶制品行业清洁生产技术应用案例，主要由赵志远、罗旭编写。感谢中国环境出版集团的编辑在本书出版过程中提供的诸多建议与指导。

受水平所限，本书所做分析及技术案例介绍参考了诸多文献，书中不足之处在所难免，恳请广大读者批评指正。

编者

2022.10

目 录

1 橡胶制品行业发展概况

1.1 橡胶及橡胶制品的定义

橡胶（Rubber）是以高分子化合物为基础、具有良好高弹性的材料，是以生胶为原料加入适量配合剂而形成的高分子弹性体。橡胶制品（Rubber Product）是指以天然及合成橡胶为原料生产的各种橡胶制品，还包括利用废橡胶再生产的橡胶制品，不包括橡胶鞋制造。按照《国民经济行业分类》（GB/T 4754—2017），橡胶制品业包含 7 个子行业：①轮胎制造；②橡胶板、管、带制造；③橡胶零件制造；④再生橡胶制造；⑤日用及医用橡胶制品制造；⑥运动场地用塑胶制造；⑦其他橡胶制品制造业。橡胶行业是国民经济的重要基础产业之一，不仅为人们提供日常生活不可或缺的日用、医用等轻工橡胶产品，还向采掘、交通、建筑、机械、电子等重工业和新兴产业提供各种橡胶制生产设备或橡胶部件。随着经济的不断发展，我国橡胶制品业得到快速发展，市场需求相对旺盛，产业结构不断进行调整。

1.2 橡胶的发展历史

1.2.1 天然橡胶的发展和利用历史

南美洲印第安人早在 1 000 多年前就知道使用天然胶乳制造器具，考古人员对洪都拉斯发掘出来的橡胶球进行考证，可以将人类使用橡胶的历史追溯到 11 世纪。橡胶树割破皮就会流出浆液，用此浆液可以制造器具，当地人称这种树为“卡乌-丘克”，意为“流泪的树”。又因为人们发现橡胶能擦去铅笔的字迹，所以取英文名为“Rubber”。哥伦布在 1493—1496 年的第二次航行时看到当地人玩的球能从地上弹跳起来，才知道这球是用树上流出来的浆液制成的，这是欧洲人第一次认识橡胶这种物质。天然橡胶如图 1-1 所示。

图 1-1 天然橡胶

由于胶乳不能长途运输，1823 年英国人马凯尔建立了用苯溶解橡胶制造雨衣的橡胶厂，这被认为是橡胶工业的起点。

1839 年，美国人固特异发现在橡胶中加入硫黄和碱式碳酸铅，经加热后制出的橡胶制品遇热或在阳光下暴晒时，不再像以往那样易于变软和发黏，而且能保持良好的弹性，从而发明了橡胶硫化。至此，天然橡胶才真正被确认其特殊的使用价值，成为一种极其重要的工业原料。

19 世纪中叶，工业遥遥领先的英国已经建立了相当规模的橡胶工业。野生的天然橡胶供不应求，英国人开始了人工种植天然橡胶的计划。1876 年，英国人 H.Wickham 从巴西私运了 7 万颗橡胶种子，在英国的皇家植物园试种成功之后，将树苗移植到当时的英属锡兰，后又发展到马来西亚、新加坡、印度尼西亚等东南亚地区种植，开始了橡胶种植的时代。

1888 年，苏格兰人邓禄普将橡胶管粘成圆形并充满气体后装在自行车轮胎上，这是世界上最早的充气轮胎，自此汽车轮胎工业的发展推动了橡胶工业的真正起飞。

1.2.2 合成橡胶的发展和利用历史

1900 年，人们了解了天然橡胶的分子结构——顺式 1,4-聚异戊二烯，合成橡胶才真正成为可能。

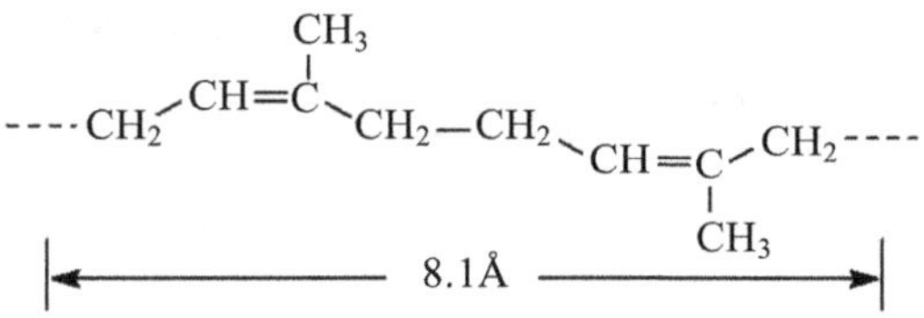

顺式 1,4-聚异戊二烯等周期为 8.1Å；分子易内旋转具有弹性；规整性差，不易结晶；熔融温度 30℃。

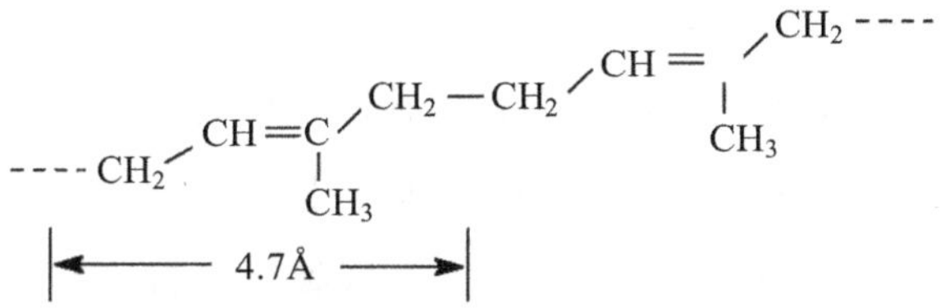

反式聚异戊二烯（古塔波胶）等周期为 4.7Å；分子不易内旋转无弹性；规整性好较易结晶；熔融温度 70℃。

1932 年前，陆续研制出丁钠橡胶、氯丁橡胶、丁腈橡胶、丁苯橡胶。

20 世纪 50 年代，Zeigler-Natta 催化剂的发现促进了合成橡胶工业的新飞跃，出现了顺丁橡胶、乙丙橡胶、异戊橡胶等新品种。

1965—1973 年，第三代橡胶——热塑性弹性体出现。

1984 年，德国用苯乙烯、异戊二烯、丁二烯作为单体合成集成橡胶（SIBR）。

1.3 我国橡胶制品行业发展历程

1.3.1 历史沿革

中国橡胶工业大致起源于1915年（一说1917年）。

1915年，邓凤墀、陈玉波在广州创办广东兄弟创制树胶公司，专制橡胶靴鞋。后来陈玉波等在公司拆股后，另立门户成立中国大一家树胶厂，成为广州市橡胶行业之冠，为广东成为全国橡胶工业中心之一奠定了基础。此后，在上海、天津、青岛等地陆续建立了一批橡胶制品厂，其中较著名的是永和实业公司、上海大中华橡胶厂、上海正泰橡胶厂和青岛橡胶厂。

1918年，叶钟廷、叶翔廷兄弟在上海创建永和实业公司，生产“永”字牌小橡皮球，后又增加热水袋、套鞋、揩字橡皮等制品。“永”字牌皮球弹性质量超过日货，不仅在国内市场销售火爆，而且还外销东南亚，为国产橡胶制品出口之始。

1928年，旅日华侨余芝卿和橡胶工业专家薛福基等在上海成立的大中华橡胶厂（1990年上海大中华橡胶厂和上海正泰橡胶厂强强联合组建后来的双钱集团股份有限公司）是中国早期最大的橡胶工业企业，也是最早制造轮胎和出口轮胎的工厂。起初大中华橡胶厂主要生产“双钱牌”胶鞋、车胎等橡胶制品，后来开始生产各种“双钱牌”汽车轮胎、卡车轮胎。1933年大中华橡胶厂改组为大中华橡胶厂兴业股份有限公司，并很快在上海、天津开设多处分厂，最多时达8个分厂。大中华橡胶产品不仅畅销国内，还远销东南亚等地。图1-2为大中华橡胶厂车间。

图 1-2 大中华橡胶厂车间

1930 年，正泰橡胶厂在上海成立，它是由 1927 年开办的义昌橡皮厂组建而成，主要生产胶鞋。1934 年，正泰橡胶厂创制回力牌球鞋，样式新颖，畅销全国各地。从闻名遐迩的“回力球鞋”进而到“回力”牌汽车轮胎，正泰橡胶厂逐渐成为中国民族橡胶工业的中坚。

抗日战争前中国橡胶业发展很快，形成了以广州和上海为中心的橡胶工业。1931 年，各地橡胶厂有 70 家，1934 年全国已有橡胶厂 74 家，1936 年发展到 96 家。这些橡胶企业制造车胎、胶鞋、胶带、雨衣、儿童玩具等橡胶制品。1931 年，上海的胶鞋产量超过 3 000 万双，其中大中华橡胶厂年产量为 870 万双。

抗日战争爆发后，中国橡胶工业遭到了巨大的打击。许多橡胶厂毁于战火，一些企业历尽艰辛辗转前往大后方。大中华橡胶厂在内迁途中设备大部分失散；利华橡胶厂内迁时，沿途靠变卖原材料支付搬运费，辗转几年，经桂林、贵阳等地，1945 年才到达重庆。由于橡胶企业内迁，橡胶工业在大后方发展起来。除内迁整合企业外，还诞生了一些新的橡胶企业。1939 年，爱国华侨陈嘉庚组织南洋华侨集资，成立中国南洋股份有限公司。次年，该公司在重庆、昆明、贵阳分别开办橡胶厂，总称中南橡胶厂（中南橡胶厂股份有限公司前身），经营翻修轮胎业务，其中重庆厂还生产胶鞋。1944 年，国民党政府利用美国提供的战时援助，在贵阳和重庆建了 2 个翻胎厂。这些内地的企业在大后方艰难地扎根，默默支援着抗战。

1945 年抗日战争胜利后，国民政府接收了日伪橡胶企业。其中一些工厂被卖给民族企业家或者归还原主，各地的橡胶工厂亦纷纷复工。中国橡胶企业重整旗鼓，橡胶厂由 107 家很快增加到 496 家。全国最大的大中华橡胶厂经过恢复，已拥有 6 个橡胶分厂、3 个原料分厂、1 个机修分厂，职工数千人，在世界橡胶企业中也占有重要的一席。正泰橡胶厂拥有 4 个橡胶分厂和 2 个原料厂，职工近 3 000 人。

1948 年，全国名义上拥有橡胶厂 263 家，拥有炼胶机 1 009 台，月生胶生产能力 4 000～5 000 t，具备了较强的橡胶生产能力。

1949 年，中华人民共和国成立，我国橡胶工业迎来了新生，当年轮胎产量 2.65 万条。

1952 年，南京化工厂和沈阳新生化工厂生产了第 1 批橡胶助剂，当年产量 38t；抚顺炭黑厂建成投产，炭黑工业迎来新起点；国家部署大面积种植橡胶树。

1953 年，国家“一五”计划开始，橡胶工业进入“有计划、按比例”的计划经济发展时期，由国家逐步培育了 15 家国营橡胶企业。

1958 年，兰州石化公司和重庆长寿化工厂先后建成丁腈橡胶（NBR）、丁苯橡胶（SBR）和氯丁橡胶（CR）生产装置，标志着我国合成橡胶工业的起步；锦州石化公司建成年产 1 000 t 锦纶生产装置，标志着我国橡胶骨架材料工业的起步。

1978 年，我国橡胶工业步入改革开放时期。

1982 年，上海正泰橡胶厂诞生了我国第 1 条子午线轮胎。

1984 年，桦林橡胶厂正式引进倍耐力年产 10 万条全钢子午线轮胎生产技术。

1985 年，子午线轮胎原材料和装备技术国产化科技攻关开始；锦纶帘线轮胎优质轻量化科技攻关开始。

1987 年，采用国产化技术的子午线轿车轮胎生产线在荣成橡胶厂建成。

2000 年，我国轮胎产量突破 1 亿条，子午化率达 30%。

2002 年，我国橡胶消耗量达 306 万 t，位居世界第一。

2004 年，我国轮胎子午化率超过 50%，10 家企业荣获全钢子午线轮胎中国名牌称号。

2005 年，我国轮胎产量达 2.5 亿条，位居世界第一。

2007 年，三角轮胎股份有限公司和天津赛象科技股份有限公司联合开发的“巨型工程子午线轮胎成套生产技术与装备开发”项目获得国家科技进步一等奖。

2009 年，我国成为世界第一大汽车生产国，全年汽车产量 1 300 万辆。汽车工业的快速发展有力地促进了我国橡胶工业的进步。

1.3.2 发展现状

亚太地区是全球最大的橡胶制品市场，2018 年亚太地区橡胶制品市场占全球市场的 48.56%，北美占 19.43%，欧洲占 18.28%。2018 年国际橡胶制品行业市场分布如图 1-3 所示。

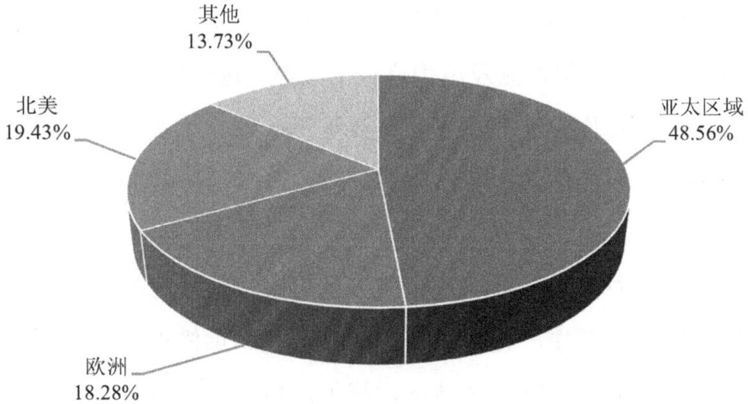

图 1-3 2018 年国际橡胶制品行业市场分布

我国是世界上天然橡胶进口量最大的国家，也是最大消耗国。随着制造业的转型升级，中国橡胶制品行业步入了一个全新的历史发展时期，产品市场需求量越来越大，橡胶制品产业结构不断进行优化调整，其中多种橡胶制品的产量已居世界首位。截至 2018 年年底，我国橡胶制品行业发展规模状况如图 1-4 所示。

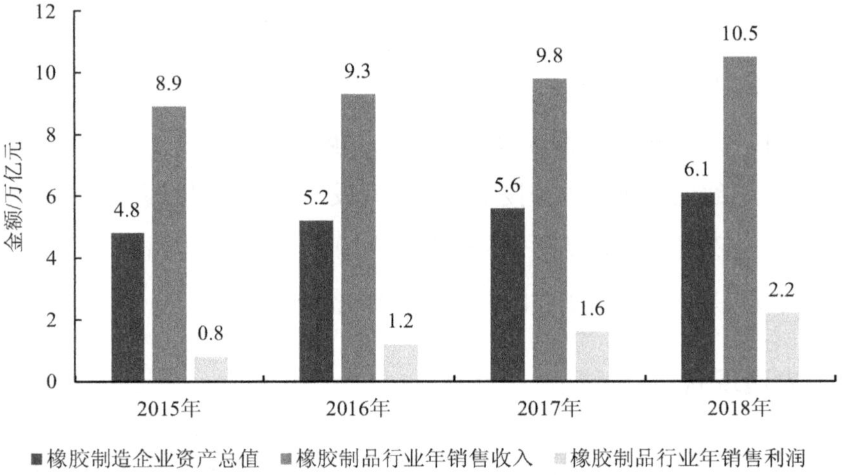

图 1-4　2015—2018 年我国橡胶制品行业规模分析

目前，我国橡胶产品行业有很多有利的发展因素，国家大力推广拉动内需，加大基础设施建设、重型机械及电力产业的发展，进而推动相关橡胶制品的发展。另外，橡胶制品产业作为社会发展的重要经济产业，涉及关乎国计民生的各个方面，有着较为完善的产业链和非常高的产业关联度，橡胶制品产业集群式发展成为一种新模式。

从量的角度来看，我国已经是橡胶制品大国。但从质的角度来看，我国橡胶制品产业问题较多：首先，我国的橡胶制品产业严重依靠进口原材料，原材料成本高；其次，我国的橡胶制品产品结构简单，技术附加值低，多数属于中低档产品，竞争力弱，没有自主品牌。

①从橡胶制品下游行业占比来看（2019 年数据），橡胶轮胎占比 53%，橡胶板管带占比 13%，橡胶零件占比 9%，再生橡胶占比 3%，日用橡胶占比 4%，橡胶鞋靴占比 8%，其他橡胶制品占比 10%（图 1-5）。

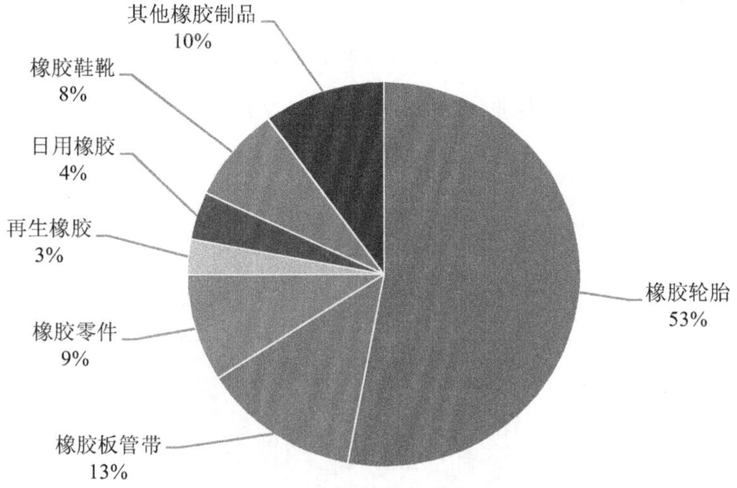

图 1-5 2019 年橡胶制品下游行业占比

②从区域格局来看，我国橡胶制品生产主要集中在华东地区（2019 年数据），占比 68.40%，华中地区占比 8.30%，华北地区占比 7.70%，华南地区占比 5%，其他地区占比 10.60%（图 1-6）。

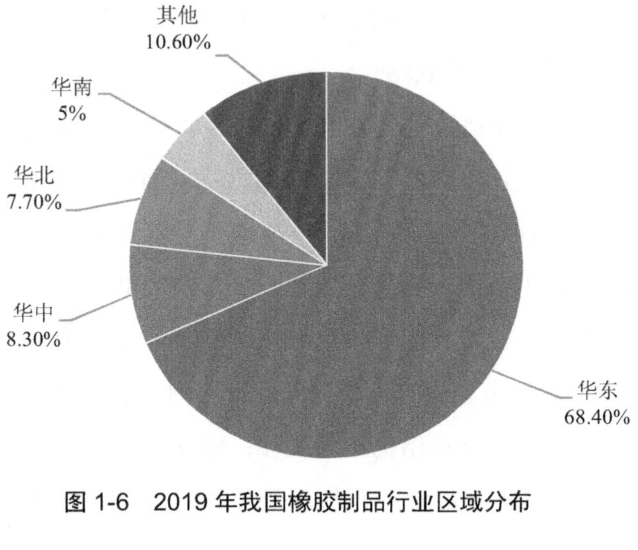

图 1-6 2019 年我国橡胶制品行业区域分布

③我国的天然橡胶消费中轮胎占绝对的比重。2019 年，卡客车轮胎消费天然橡胶占比 59%；乘用车轮胎消费天然橡胶占比 16%；乳胶制品消费占比 8%；斜交胎和其他制品消费天然橡胶占比 17%（图 1-7）。

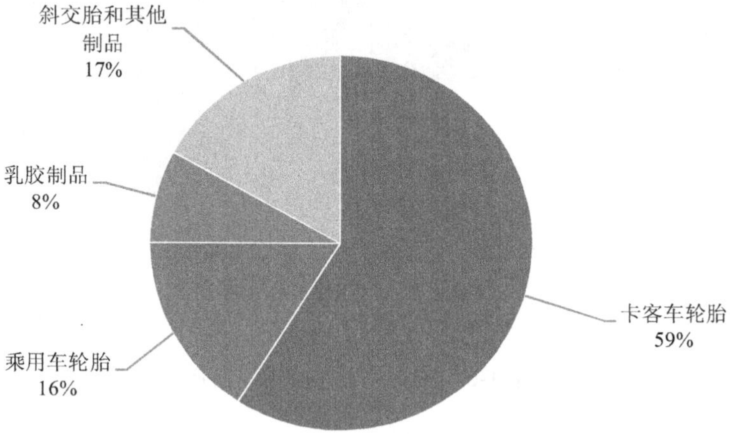

图 1-7 2019 年我国橡胶制品行业天然橡胶消费占比分布

④进出口方面，2019 年我国橡胶制品进出口贸易总额为 577.46 亿美元，同比增长 0.9%；进出口交货值方面，据统计，2019 年我国橡胶和塑料制品进出口交货值为 3 730.2 亿元，同比增长 0.85%。

目前，我国工程橡胶制品产业主要分布在三大区域，有两大产业集群。三大区域指河北衡水、四川新津、江浙一带，两大产业集群指河北衡水工程橡胶产业集群和成都新津路桥构件产业集群，江浙一带企业较为分散，没有集群效应。其中，衡水、新津和江浙所占市场份额分别达到 60%、21%和 14%，其他地区仅占 5%。

到“十二五”末，我国轮胎子午化率达到 91%，绿色轮胎产业化已经启动；高强力输送带、线绳 V 带、钢丝编缠高压胶管比例大幅增加；汽车用橡胶制品质量提高、品种增加；胶鞋行业结构不断优化；湿法造粒炭黑工艺得到大力推广；橡胶助剂行业淘汰有毒有害产品，推广清洁生产工艺，绿色助剂比例达到 92%；废橡胶综合利用率超过 50%，大力推广绿色环保再生橡胶产品和开展清洁生产，节能降耗成效显著，每吨再生橡胶电耗降低 20%。

当前整个橡胶制品行业的新工艺开发研究趋势，主要集中在成型和硫化上。在成型方面，着重解决减少工序和精密加工问题，研究实施压延、压出精密化、材料复合化，进而做到成型简易化和一体化。例如，轿车轮胎、编织高压胶管、钢绳运输带的成型自动生产线。在硫化方面，其研究方向是，设法与成型联动结合，实施成型、硫化上下工序一体化、连续化，现已实现的有胶管、胶带、手套自动生产线。

1.4 橡胶制品行业发展的主要问题

橡胶制品业在我国有较广泛的应用范围，在其经济发展与商业前景上均有很广阔的发展空间，但与欧美及日本等发达国家相比，仍存在较大差距，主要表现为生产效率低、企业规模小、环境污染等。

市场供应量和生产能力严重过剩。一方面，不少地方盲目上马了一大批小型橡胶加工企业，造成国内生产能力的过剩并扰乱了市场；另一方面，国外大公司如米其林、固特异等以直接销售或以合资、独资的形式等抢滩中国市场，使国内市场的供应总量过剩。

产品结构严重不合理，中低档产品严重过剩，品种不全，高档产品依赖进口。高性能、高速度轮胎还需要进口。我国能生产轮胎 7 大类 650 多个品种，但国外轮胎品种已达 3 000 种以上。

生产企业小而分散，缺少规模效益和竞争力。以轮胎为例，我国 60 家重点企业加起来的产量还抵不上国外一家大的硅胶制品公司的产量。一些小企业扰乱市场，冲击了大企业。许多小型企业技术与检测手段落后，产品质量没有保障，但这些企业没有社会负担，大肆压低价格，使大企业的生产经营受到影响。

生产工艺和技术落后，新产品开发能力薄弱。到目前为止，我国橡胶工业尚未形成一套完整的研究—生产—销售—服务体系，橡胶制品的研究开发能力与世界水平相比差距甚大，是我国橡胶制品产品性能无法上档次、品种相对较少的根本原因。此外，设备的陈旧与生产工艺的落后使产品的原料资源消耗大，生产成本高，企业缺乏竞争力。

环保压力越来越大。橡胶制品的实现要依托其工艺流程，橡胶制品的工艺流程决定着产品质量、成本、污染处理等问题。橡胶制品行业的整个工序特别是炼胶、硫化等工序废气成分复杂多变、污染物浓度低、风量大、异味明显，环境污染是阻碍橡胶制品行业可持续发展的最大瓶颈。

党的十八大以来，党中央在战略和全局的高度，对生态文明建设和生态环境保护提出一系列新思想、新论断、新要求，橡胶制品行业环保要求越来越严格，橡胶制品行业相关环保法规不断完善，给橡胶制品行业的发展带来了挑战。

2 橡胶制品行业政策法律法规及技术标准规范

2.1 橡胶制品行业管理机构

橡胶制品行业的主管部门为工业和信息化部，行业技术监管部门为国家市场监督管理总局。橡胶制品行业的市场化程度较高，企业生产经营管理完全基于市场化方式，政府主管部门仅对橡胶制品行业实行宏观管理和政策指导。中国橡胶工业协会为橡胶行业的自律组织。橡胶制品行业主管部门及职责见表 2-1。

表 2-1　橡胶制品行业主管部门及职责

机构	组织主要职责
工业和信息化部	行业主管部门
国家市场监督管理总局	行业技术监管部门
生态环境部	橡胶制品相关的环境保护政策及技术标准
中国橡胶工业协会	橡胶行业的自律管理机构，业务主管单位为国务院国有资产监督管理委员会，主要负责产业市场研究、政府沟通、技术交流、信息共享、活动组织及行业自律等工作；协会下设橡胶制品分会，会员单位生产的产品主要包括“减震制品、密封制品、橡胶水坝、各类止水材料、胶管、胶辊、胶布制品、医用橡胶制品、橡胶杂品”

2.2 橡胶制品行业相关产业法律法规政策

2.2.1 “十四五”工业绿色发展规划

2021 年，工业和信息化部发布了《“十四五”工业绿色发展规划》，提出：

到 2025 年，工业产业结构、生产方式绿色低碳转型取得显著成效，绿色低碳技术装备广泛应用，能源资源利用效率大幅提高，绿色制造水平全面提升，为 2030 年工业领域碳达峰奠定坚实基础。

碳排放强度持续下降。单位工业增加值二氧化碳排放降低 18%，钢铁、有色金属、建材等重点行业碳排放总量控制取得阶段性成果。

污染物排放强度显著下降。有害物质源头管控能力持续加强，清洁生产水平显著提高，重点行业主要污染物排放强度降低 10%。

能源效率稳步提升。规模以上工业单位增加值能耗降低 13.5%，粗钢、水泥、乙烯等重点工业产品单耗达到世界先进水平。

资源利用水平明显提高。重点行业资源产出率持续提升，大宗工业固体废物综合利用率达到 57%，主要再生资源回收利用量达到 4.8 亿 t。单位工业增加值用水量降低 16%。

绿色制造体系日趋完善。重点行业和重点区域绿色制造体系基本建成，完善工业绿色低碳标准体系，推广万种绿色产品，绿色环保产业产值达到 11 万亿元。布局建设一批标准、技术公共服务平台。

推动生产过程清洁化转型。强化源头减量、过程控制和末端高效治理相结合的系统减污理念，大力推行绿色设计，引领增量企业高起点打造更清洁的生产方式，推动存量企业持续实施清洁生产技术改造，引导企业主动提升清洁生产水平。

削减生产过程污染排放。针对重点行业、重点污染物排放量大的工艺环节，研发推广过程减污工艺和设备，开展应用示范。聚焦京津冀及周边地区、汾渭平原、长三角地区等重点区域，加大氮氧化物、挥发性有机物排放重点行业清洁生产改造力度，实现细颗粒物（$PM_{2.5}$）和臭氧（O_3）协同控制。聚焦长江、黄河等重点流域以及涉重金属行业集聚区，实施清洁生产水平提升工程，削减化学需氧量、氨氮、重金属等污染物排放。严格履行国际环境公约和有关标准要求，推动重点行业减少持久性有机污染物、有毒有害化学物质等新污染物产生和排放。制定限期淘汰产生严重环境污染的工业固体废物的落后生产工艺设备名录。

2.2.2 产业转移指导目录（2018 年本）

2018 年，工业和信息化部发布了《产业转移指导目录（2018 年本）》，对深入推进产业有序转移和转型升级产生了积极影响。其中适用于橡胶制品行业的主要内容有：

（1）西部地区优先承接发展的产业

绿色橡胶制品（贵阳市、铜仁市）；

天然橡胶及橡胶制品精深加工（普洱市、西双版纳州）；

橡胶制品（咸阳市）。

（2）中部地区优先承接发展的产业

安全节能环保的胶管、电缆料及汽车用新型特种橡胶制品（宣城市、淮北市、安庆市）；

橡胶制品（十堰市、咸宁市）；

日用及医用橡胶制品（长沙市、衡阳市、岳阳市）；

橡胶制品（郑州市）。

（3）引导逐步调整退出的产业

为航空航天、军工等配套的特种橡胶以外的其他橡胶制品（廊坊市、保定市京冀交界地区）。

2.2.3 产业结构调整指导目录（2019 年）

发展改革委修订发布的《产业结构调整指导目录（2019 年本）》中列出的关于橡胶制品行业相关内容有：

（1）第一类 鼓励类

① 5 万 t/a 及以上溴化丁基橡胶、溶聚丁苯橡胶、稀土顺丁橡胶，丙烯酸酯橡胶，固含量大于 60%的丁苯胶乳、异戊二烯胶乳开发与生产，合成橡胶化学改性技术开发与应用，聚丙烯热塑性弹性体（PTPE）、热塑性聚酯弹性体（TPEE）、氢化苯乙烯-异戊二烯热塑性弹性体（SEPS）、动态全硫化热塑性弹性体（TPV）、有机硅改性热塑性聚氨酯弹性体等热塑性弹性体材料开发与生产。

②苯基氯硅烷、乙烯基氯硅烷等新型有机硅单体，苯基硅油、氨基硅油、聚醚改性型硅油等，苯基硅橡胶、苯撑硅橡胶等高性能硅橡胶及杂化材料，甲基苯基硅树脂等高性能树脂，三乙氧基硅烷等高效偶联剂。

③全氟烯醚等特种含氟单体，聚全氟乙丙烯、聚偏氟乙烯、聚三氟氯乙烯、乙烯-四氟乙烯共聚物等高品质氟树脂，氟醚橡胶、氟硅橡胶、四丙氟橡胶、高含氟量 246 氟橡胶等高性能氟橡胶，含氟润滑油脂，消耗臭氧潜能值（ODP）为零、全球变暖潜能值（GWP）低的消耗臭氧层物质（ODS）替代品，全氟辛基磺酰化合物（PFOS）和全氟辛酸（PFOA）及其盐类的替代品和替代技术开发和应用，含氟精细化学品和高品质含氟无机盐。

④高性能子午线轮胎［包括无内胎载重子午胎、巨型工程子午胎（49 英寸以上），低断面和扁平化（低于 55 系列）］及智能制造技术与装备，航空轮胎、农用子午胎及配套专用材料和设备生产，新型天然橡胶开发与应用。

⑤大型高效二板注塑机（合模力 1 000 t 以上）、全电动塑料注射成型机（注射量 1 000 g 以下）、节能型塑料橡胶注射成型机（能耗 0.4 kW·h/kg 以下）、高速节能塑料挤出机组（生产能力 30～3 000 kg/h，能耗 0.35 kW·h/kg 以下）、微孔发泡塑料注射成型机（合模力 60～1 000 t，注射量 30～5 000 g，能耗 0.4 kW·h/kg

以下）、大型双螺杆挤出造粒机组（生产能力 30～60 万 t/a）、大型对位芳纶反应挤出机组（生产能力 1.4 万 t/a 以上）、碳纤维预浸胶机组（生产能力 60 万 m/a 以上；幅宽 1.2 m 以上）、纤维增强复合材料在线混炼注塑成型设备（合模力 200～6 800 t，注射量 600～85 000 g）。

⑥废旧木材、废旧电器电子产品、废印刷电路板、废旧电池、废旧船舶、废旧农机、废塑料、废旧纺织品及纺织废料和边角料、废（碎）玻璃、废橡胶、废弃油脂等废旧物资等资源循环再利用技术、设备开发及应用。

（2）第二类 限制类

①新建 7 万 t/a 以下聚丙烯、20 万 t/a 以下聚乙烯、乙炔法聚氯乙烯、起始规模小于 30 万 t/a 的乙烯氧氯化法聚氯乙烯、10 万 t/a 以下聚苯乙烯、20 万 t/a 以下丙烯腈-丁二烯-苯乙烯共聚物（ABS）、3 万 t/a 以下普通合成胶乳-羧基丁苯胶（含丁苯胶乳）生产装置，新建、改扩建氯丁橡胶类、丁苯热塑性橡胶类、聚氨酯类和聚丙烯酸酯类中溶剂型通用胶黏剂生产装置。

②新建斜交轮胎和力车胎（含手推车胎）、锦纶帘线、3 万 t/a 以下钢丝帘线、再生胶（常压连续脱硫工艺除外）、橡胶塑解剂五氯硫酚、橡胶促进剂二硫化四甲基秋兰姆（TMTD）生产装置。

③新建、改扩建药用丁基橡胶塞、二步法生产输液用塑料瓶生产装置。

④ 50 万条/a 及以下的斜交轮胎和以天然棉帘子布为骨架的轮胎、1.5 万 t/a 及以下的干法造粒炭黑（特种炭黑和半补强炭黑除外）、3 亿只/a 以下的天然胶乳安全套，橡胶硫化促进剂 *N*-氧联二（1,2-亚乙基）-2-苯并噻唑次磺酰胺（NOBS）和橡胶防老剂 D 生产装置。

（3）第三类 淘汰类

软边结构自行车胎，以棉帘线为骨架材料的普通输送带和以尼龙帘线为骨架材料的普通 V 带，轮胎、自行车胎、摩托车胎手工刻花硫化模具。

2.2.4 中国橡胶行业“十四五”发展规划指导纲要

中国橡胶工业协会2020年年底发布了《橡胶行业“十四五”发展规划指导纲要》。根据指导纲要提出的发展目标，“十四五”期间，橡胶工业总量要保持平稳增长，但年均增长稍低于现有水平，继续稳固中国橡胶工业国际领先的规模影响力和出口份额，争取“十四五”末（2025年）进入橡胶工业强国中级阶段。

指导纲要涵盖政策支持及轮胎、橡胶制品、橡胶材料等16个细分行业的指导纲要。

轮胎行业方面，指导纲要提出，汽车行业增速放缓，全球轮胎行业处于饱和状态。“十四五”期间，轮胎子午化率要达到96%，全钢胎无内胎率达到70%，巨型工程胎发展迅猛，年产量达到2万条，子午化率达100%。绿色轮胎市场化率升至70%以上，达到世界一流水平。

橡胶制品行业方面，指导纲要提出，“十四五”期间要继续满足行业需求，积极开发高端产品，提升行业自动化、智能化水平。预计到“十四五”末期，我国橡胶密封制品市场需求将达到400亿元以上，其中高端橡胶密封制品市场需求在160亿元以上。

2.3 橡胶制品行业相关环境保护政策

2.3.1 中华人民共和国大气污染防治法

《中华人民共和国大气污染防治法》中规定，生产、进口、销售和使用含挥发性有机物的原材料和产品的，其挥发性有机物含量应当符合质量标准或者要求；国家鼓励生产、进口、销售和使用低毒、低挥发性有机溶剂；产生含挥发性有机物废气的生产和服务活动，应当在密闭空间或者设备中进行，并按照规定安装、使用污染防治设施，无法密闭的，应当采取措施减少废气排放；国务院生态环境主管部门应当会同国务院卫生行政部门，根据大气污染物对公众健康和生态环境的危害和影响程度，公布有毒有害大气污染物名录，实行风险管理；排放前款规定名录中所列有毒有害大气污染物的企业事业单位，应当按照国家有关规定建设环境风险预警体系，对排放口和周边环境进行定期监测，评估环境风险，排查环境安全隐患，并采取有效措施防范环境风险。

2.3.2 大气污染防治行动计划

《大气污染防治行动计划》（国发〔2013〕37 号）提出强化企业责任，企业是大气污染治理的责任主体，要按照环保规范要求，加强内部管理，增加资金投入，采用先进的生产工艺和治理技术，确保达标排放，甚至达到“零排放”，要自觉履行环境保护的社会责任，接受社会监督。全面推行清洁生产。对重点行业进行清洁生产审核，针对节能减排关键领域和薄弱环节，采用先进适用的技术、工艺和装备，实施清洁生产技术改造；到 2017 年，重点行业排污强度比 2012 年下降 30% 以上。

2.3.3 打赢蓝天保卫战三年行动计划

《打赢蓝天保卫战三年行动计划》（国发〔2018〕22 号）要求制定石化、化工、工业涂装、包装印刷等 VOCs 排放重点行业和油品储运销综合整治方案，出台泄漏检测与修复标准，编制 VOCs 治理技术指南，并明确规定重点区域禁止建设生产和使用高 VOCs 含量的溶剂型涂料、油墨、胶黏剂等项目。

《打赢蓝天保卫战三年行动计划》要求以京津冀及周边地区、长三角地区、汾渭平原等区域为重点，持续开展大气污染防治行动，综合运用经济、法律、技术和必要的行政手段，大力调整优化产业结构、能源结构、运输结构和用地结构，强化区域联防联控，狠抓秋冬季污染治理，统筹兼顾、系统谋划、精准施策，坚决打赢蓝天保卫战，实现环境效益、经济效益和社会效益多赢。要求经过 3 年努力，大幅减少主要大气污染物排放总量，协同减少温室气体排放，进一步明显降低细颗粒物（$PM_{2.5}$）浓度，明显减少重污染天数，明显改善环境空气质量，明显增强人民的蓝天幸福感。提出到 2020 年，二氧化硫、氮氧化物排放总量分别比 2015 年下降 15%以上；$PM_{2.5}$ 未达标地级及以上城市浓度比 2015 年下降 18%以上，地级及以上城市空气质量优良天数比率达到 80%，重度及以上污染天数比率比 2015 年下降 25%以上；提前完成“十三五”目标任务的省份，要保持和巩固改善成果；尚未完成的，要确保全面实现“十三五”约束性目标；北京市环境空气质量改善目标应在“十三五”目标基础上进一步提高。

2.3.4 “十四五”节能减排综合工作方案

《“十四五”节能减排综合工作方案》（国发〔2021〕33 号）要求立足新发展阶段，完整、准确、全面贯彻新发展理念，构建新发展格局，推动高质量发展，完善实施能源消费强度和总量双控（以下称能耗双控）、主要污染物排放总量控制制度，组织实施节能减排重点工程，进一步健全节能减排政策机制，推动能源利用效率大幅提高、主要污染物排放总量持续减少，实现节能降碳减污协同增效、生态环境质量持续改善，确保完成“十四五”节能减排目标，为实现碳达峰、碳中和目标奠定坚实基础。提出到 2025 年，全国单位国内生产总值能源消耗比 2020 年下降 13.5%，能源消费总量得到合理控制，化学需氧量、氨氮、氮氧化物、挥发性有机物排放总量比 2020 年分别下降 8%、8%、10%以上、10%以上。节能减排政策机制更加健全，重点行业能源利用效率和主要污染物排放控制水平基本达到国际先进水平，经济社会发展绿色转型取得显著成效。

2.3.5 “十三五”挥发性有机物污染防治工作方案

由环境保护部等六部门组织制定的《“十三五”挥发性有机物污染防治工作方案》（环大气〔2017〕121 号）中提出要加快推进橡胶制品行业 VOCs 综合治理。推广使用低（无）VOCs 含量的绿色原辅材料和先进生产工艺、设备，加强无组织废气收集，优化烘干技术，配套建设末端治理措施，实现包装橡胶制品行业

VOCs 全过程控制。重点地区力争 2018 年年底前完成，京津冀大气污染传输通道城市 2017 年年底前基本完成。

加强源头控制。涉 VOCs 排放的“散乱污”企业主要为涂料、油墨、合成革、橡胶制品、塑料制品、化纤生产等化工企业，使用溶剂型涂料、油墨、胶黏剂和其他有机溶剂的印刷、家具、钢结构、人造板、注塑等制造加工企业，以及露天喷涂汽车维修作业等。推广使用低（无）VOCs 含量、低反应活性的原辅材料和产品。农药行业要加快替代轻芳烃等溶剂，大力推广水基化类制剂；制药行业鼓励使用低（无）VOCs 含量或低反应活性的溶剂；橡胶制品行业推广使用新型偶联剂、黏合剂等产品，推广使用石蜡油等全面替代普通芳烃油、煤焦油等助剂。优化生产工艺方案。农药行业加快水相法合成、生物酶法拆分等技术开发推广；制药行业加快生物酶合成法等技术开发推广；橡胶制品行业推广采用串联法混炼、常压连续脱硫工艺。

2.3.6 重点行业挥发性有机物综合治理方案

《重点行业挥发性有机物综合治理方案》（环大气〔2019〕53 号）提出大力开展 VOCs 治理。全面加大石油炼制及有机化学品、合成树脂、合成纤维、合成橡胶等行业 VOCs 治理力度。重点加强密封点泄漏、废水和循环水系统、储罐、有机液体装卸、工艺废气等源项 VOCs 治理工作，确保稳定达标排放。重点区域要进一步加大其他源项治理力度，禁止熄灭火炬系统长明灯，设置视频监控装置；推进煤油、柴油等在线调和工作；非正常工况排放的 VOCs，应吹扫至火炬系统或密闭收集处理；含 VOCs 废液、废渣应密闭储存；防腐防水防锈涂装采用低 VOCs 含量涂料。

加强制药、农药、涂料、油墨、胶黏剂、橡胶和塑料制品等行业 VOCs 治理力度。重点提高涉 VOCs 排放主要工序密闭化水平，加强无组织排放收集，加大含 VOCs 物料储存和装卸治理力度。废水储存、曝气池及其之前废水处理设施应按要求加盖封闭，实施废气收集与处理。密封点大于或等于 2 000 个的，要开展

LDAR 工作。

积极推广使用低 VOCs 含量或低反应活性的原辅材料，加快工艺改进和产品升级。制药、农药行业推广使用非卤代烃和非芳香烃类溶剂，鼓励生产水基化类农药制剂。橡胶制品行业推广使用新型偶联剂、黏合剂，使用石蜡油等替代普通芳烃油、煤焦油等助剂。优化生产工艺，农药行业推广水相法、生物酶法合成等技术；制药行业推广生物酶法合成技术；橡胶制品行业推广采用串联法混炼、常压连续脱硫工艺。

2.3.7 2020 年挥发性有机物治理攻坚方案

生态环境部印发的《2020 年挥发性有机物治理攻坚方案》（以下简称《方案》），要求把夏季 VOCs 攻坚行动放在重要位置，作为打赢蓝天保卫战的关键举措。扎实做好“六稳”工作，落实“六保”任务，坚持精准治污、科学治污、依法治污，切实做到问题精准、时间精准、区位精准、对象精准、措施精准，抓好《方案》各项任务措施落实。

《方案》要求，2020 年 7 月 15 日前，各城市根据本地产业结构特征、VOCs 排放来源等，重点针对烯烃、芳香烃、醛类等 O_3 生成潜势大的 VOCs 物种，确定本地 VOCs 控制重点行业，组织完成涉 VOCs 工业园区、企业集群、重点管控企业排查，明确 VOCs 主要产生环节，逐一建立管理台账。同一乡镇及毗邻乡镇交界处同行业企业超过 10 家的认定为企业集群，VOCs 年产生量大于 10 t 的企业认定为重点管控企业。各地要重点排查以石化、化工、制药、农药、电子、包装印刷、家具制造、汽车制造、船舶修造等行业为主导的工业园区；重点排查以制药、农药、涂料、油墨、胶黏剂、染料、日用化工、化学助剂、合成革、橡胶轮胎制造、有机化学原料制造等化工行业，使用溶剂型涂料、油墨、胶黏剂和其他有机溶剂的家具、零部件制造、钢结构、铝型材、铸造、彩涂板、电子元器件、汽修、包装印刷、人造板、皮革制品、制鞋等行业为主导的企业集群。

2.4 橡胶制品行业排放标准及技术规范

2.4.1 国家层面排放标准及技术规范

2.4.1.1 橡胶制品工业污染物排放标准（GB 27632—2011）

按照《橡胶制品工业污染物排放标准》（GB 27632—2011），橡胶制品企业大气污染物排放限值及橡胶制品企业厂界无组织排放限值分别见表 2-2、表 2-3。

表 2-2 橡胶制品企业大气污染物排放限值

序号	污染物项目	生产工艺或设施	排放限值/（mg/m^3）	基准排气量/（m^3/t 胶）	污染物排放监控位置
1	颗粒物	轮胎企业及其他制品企业炼胶装置	12	2 000	车间或生产设施排气筒
		乳胶制品企业后硫化装置	12	16 000	
2	氨	乳胶制品企业浸渍、配料工艺装置	10	80 000	
3	甲苯及二甲苯合计[a]	轮胎企业及其他制品企业胶浆制备、浸浆、胶浆喷涂和涂胶装置	15	—	
4	非甲烷总烃	轮胎企业及其他制品企业炼胶、硫化装置	10	2 000	
		轮胎企业及其他制品企业胶浆制备、浸浆、胶浆喷涂和涂胶装置	100	—	

注：[a] 待国家污染物监测方法标准发布后实施。

表 2-3 橡胶制品企业厂界无组织排放限值

序号	污染物项目	限值/（mg/m^3）
1	颗粒物	1.0
2	甲苯	2.4
3	二甲苯	1.2
4	非甲烷总烃	4.0

橡胶制品工业企业恶臭污染物的排放标准按照 GB 14554 的规定执行。在现有企业生产、建设项目竣工环保验收后的生产过程中，负责监管的生态环境主管部门，应对周围居住、教学、医疗等用途的敏感区域环境质量进行监测。建设项目的具体监控范围为环境影响评价确定的周围敏感区域；未进行过环境影响评价的现有企业，监控范围由负责监管的生态环境主管部门，根据企业排污的特点和规律及当地的自然、气象条件等因素，参照相关环境影响评价技术导则确定。地方政府应对本辖区环境质量负责，采取措施确保环境状况符合环境质量标准要求。产生大气污染物的生产工艺和装置必须设立局部或整体气体收集系统和集中净化处理装置。所有排气筒高度应不低于 15 m，排气筒周围半径 200 m 范围内有建筑物时，排气筒高度还应高出最高建筑物 3 m 以上。

大气污染物排放浓度限值适用于单位胶料实际排气量不高于单位胶料基准排气量的情况。若单位胶料实际排气量超过单位胶料基准排气量，须将实测大气污染物浓度换算为大气污染物基准气量排放浓度，并将大气污染物基准气量排放浓度作为判定排放是否达标的依据。大气污染物基准气量排放浓度的换算，可参照采用水污染物基准水量排放浓度的计算公式。胶料消耗量和排气量统计周期为 1 个工作日。

2.4.1.2 排污许可证申请与核发技术规范　橡胶和塑料制品工业（HJ 1122—2020）

在排污许可方面，《排污许可证管理暂行办法》自 2015 年 1 月 1 日起实施。国家实行排污许可管理制度，排放工业废气的单位应当取得排污许可证（《大气污染防治法》第十九条），禁止无排污许可证或者违反排污许可证的规定排放大气污染物。《排污许可证申请与核发技术规范　橡胶和塑料制品工业》（HJ 1122—2020）规定了橡胶和塑料制品工业排污单位排污许可证申请与核发的基本情况填报要求、许可排放限值确定、实际排放量核算和合规判定方法，以及自行监测、环境管理台账与排污许可证执行报告等环境管理要求，提出了橡胶和塑料制品工业污染防治可行技术要求。

重点管理排污单位废气产污环节、污染物种类、排放形式及污染防治设施见表 2-4。

表 2-4 重点管理排污单位废气产污环节、污染物种类、排放形式及污染防治设施一览表

排污单位类别	生产单元	生产设施	废气产污环节	污染物种类	执行标准	排放形式	污染防治设施		排放口类型
							污染防治设施名称及工艺	是否为可行技术	
轮胎制品制造	炼胶	配料机、密炼机、开炼机、挤出机	炼胶废气	颗粒物、非甲烷总烃、臭气浓度、恶臭特征污染物[b]	GB 27632 GB 14554	有组织	除尘、喷淋、吸附、热力燃烧、催化燃烧、低温等离子体、UV 光氧化/光催化、生物法、以上组合技术	是□ 否□ 如采用不属于 HJ 1122—2020“4.3 污染防治可行技术要求”中的技术，应提供相关证明材料	主要排放口/一般排放口[c]
	硫化	硫化机	硫化废气	非甲烷总烃、臭气浓度、恶臭特征污染物[b]	GB 27632 GB 16297[a] GB 14554		喷淋、吸附、热力燃烧、催化燃烧、低温等离子体、UV 光氧化/光催化、生物法、以上组合技术		主要排放口/一般排放口[c]
	成型[a]	热/冷翻机	热/冷翻废气	颗粒物、非甲烷总烃、臭气浓度、恶臭特征污染物[b]			除尘、喷淋、吸附、热力燃烧、催化燃烧、低温等离子体、UV 光氧化/光催化、生物法、以上组合技术		一般排放口
	胶浆制备、浸浆、胶浆喷涂和涂胶	胶浆制备、浸浆、胶浆喷涂和涂胶装置	胶浆废气	甲苯、二甲苯、臭气浓度、恶臭特征污染物[b]			吸附、燃烧		一般排放口

排污单位类别	生产单元	生产设施	废气产污环节	污染物种类	执行标准	排放形式	污染防治设施		排放口类型
							污染防治设施名称及工艺	是否为可行技术	
橡胶板、管、带制品制造	炼胶	配料机、密炼机、开炼机、挤出机	炼胶废气	颗粒物、非甲烷总烃、臭气浓度、恶臭特征污染物 [b]	GB 27632 GB 14554	有组织	除尘、喷淋、吸附、热力燃烧、催化燃烧、低温等离子体、UV 光氧化/光催化、生物法、以上组合技术	是□ 否□ 如采用不属于 HJ 1122—2020“4.3 污染防治可行技术要求”中的技术，应提供相关证明材料	主要排放口/一般排放口 [c]
	硫化	硫化机	硫化废气	非甲烷总烃、臭气浓度、恶臭特征污染物 [b]			喷淋、吸附、热力燃烧、催化燃烧、低温等离子体、UV 光氧化/光催化、生物法、以上组合技术		主要排放口/一般排放口 [c]
	胶浆制备、浸浆、胶浆喷涂和涂胶	胶浆制备、浸浆、胶浆喷涂和涂胶装置	胶浆废气	甲苯、二甲苯、臭气浓度、恶臭特征污染物 [b]			吸附、燃烧		一般排放口
橡胶零件制造	炼胶	配料机、密炼机、开炼机、挤出机	炼胶废气	颗粒物、非甲烷总烃、臭气浓度、恶臭特征污染物 [b]	GB 27632 GB 14554	有组织	除尘、喷淋、吸附、热力燃烧、催化燃烧、低温等离子体、UV 光氧化/光催化、生物法、以上组合技术		主要排放口/一般排放口 [c]
	硫化	硫化机	硫化废气	非甲烷总烃、臭气浓度、恶臭特征污染物 [b]			喷淋、吸附、热力燃烧、催化燃烧、低温等离子体、UV 光氧化/光催化、生物法、以上组合技术		主要排放口/一般排放口 [c]
	胶浆制备、浸浆、胶浆喷涂和涂胶	胶浆制备、浸浆、胶浆喷涂和涂胶装置	胶浆废气	甲苯、二甲苯、臭气浓度、恶臭特征污染物 [b]			吸附、燃烧		一般排放口

排污单位类别	生产单元	生产设施	废气产污环节	污染物种类	执行标准	排放形式	污染防治设施		排放口类型
							污染防治设施名称及工艺	是否为可行技术	
日用及医用橡胶制品制造	配料	配料罐	配料废气	氨、臭气浓度、恶臭特征污染物 [b]	GB 27632 GB 14554	有组织	喷淋、吸附、热力燃烧、催化燃烧、低温等离子体、UV 光氧化/光催化、生物法、以上组合技术	是□ 否□ 如采用不属于 HJ 1122—2020“4.3 污染防治可行技术要求”中的技术，应提供相关证明材料	一般排放口
	浸渍	浸胶池	浸渍废气	氨、臭气浓度、恶臭特征污染物 [b]			喷淋、吸附、热力燃烧、催化燃烧、低温等离子体、UV 光氧化/光催化、生物法、以上组合技术		主要排放口
	硫化	烘干机	硫化废气	颗粒物、臭气浓度、恶臭特征污染物 [b]			除尘、喷淋、吸附、热力燃烧、催化燃烧、低温等离子体、UV 光氧化/光催化、生物法、以上组合技术		主要排放口
运动场地用塑胶制造	炼胶	配料机、密炼机、开炼机、挤出机	炼胶废气	颗粒物、非甲烷总烃、臭气浓度、恶臭特征污染物 [b]	GB 27632 GB 14554	有组织	除尘、喷淋、吸附、热力燃烧、催化燃烧、低温等离子体、UV 光氧化/光催化、生物法、以上组合技术		主要排放口/一般排放口 [c]

排污单位类别	生产单元	生产设施	废气产污环节	污染物种类	执行标准	排放形式	污染防治设施		排放口类型
							污染防治设施名称及工艺	是否为可行技术	
运动场地用塑胶制造	硫化	硫化机	硫化废气	非甲烷总烃、臭气浓度、恶臭特征污染物 [b]	GB 27632 GB 14554	有组织	喷淋、吸附、热力燃烧、催化燃烧、低温等离子体、UV 光氧化/光催化、生物法、以上组合技术	是□ 否□ 如采用不属于 HJ 1122—2020“4.3 污染防治可行技术要求”中的技术，应提供相关证明材料	主要排放口/一般排放口 [c]
	胶浆制备、浸浆、胶浆喷涂和涂胶	胶浆制备、浸浆、胶浆喷涂和涂胶装置	胶浆废气	甲苯、二甲苯、臭气浓度、恶臭特征污染物 [b]			吸附、燃烧		一般排放口
其他橡胶制品制造	炼胶	配料机、密炼机、开炼机、挤出机	炼胶废气	颗粒物、非甲烷总烃、臭气浓度、恶臭特征污染物 [b]	GB 27632 GB 14554	有组织	除尘、喷淋、吸附、热力燃烧、催化燃烧、低温等离子体、UV 光氧化/光催化、生物法、以上组合技术		主要排放口/一般排放口 [c]
	硫化	硫化机	硫化废气	非甲烷总烃、臭气浓度、恶臭特征污染物 [b]			喷淋、吸附、热力燃烧、催化燃烧、低温等离子体、UV 光氧化/光催化、生物法、以上组合技术		主要排放口/一般排放口 [c]
	胶浆制备、浸浆、胶浆喷涂和涂胶	胶浆制备、浸浆、胶浆喷涂和涂胶装置	胶浆废气	甲苯、二甲苯、臭气浓度、恶臭特征污染物 [b]			吸附、燃烧		一般排放口
辅助公用单元	废水处理系统	综合废水处理站	废水处理站废气	臭气浓度、恶臭特征污染物 [b]	GB 14554	有组织	喷淋、吸附、低温等离子体、UV 光氧化/光催化、生物法、以上组合技术		一般排放口

排污单位类别	生产单元	生产设施	废气产污环节	污染物种类	执行标准	排放形式	污染防治设施		排放口类型
							污染防治设施名称及工艺	是否为可行技术	
厂界				颗粒物、非甲烷总烃、臭气浓度、恶臭特征污染物[b]	GB 27632 GB 16297[a] GB 14554	无组织	—	—	—
厂区内				非甲烷总烃	GB 37822	无组织	—	—	—

注：[a] 适用于轮胎翻新排污单位。

[b] 恶臭特征污染物种类按环境影响评价文件及审批意见规定的污染物质确定；地方标准有更严格要求的，从其规定。

[c] 轮胎制造、橡胶板管带制造、橡胶零件制造、运动场地用塑胶制造和其他橡胶制品制造排污单位涉及炼胶、硫化工艺废气的单根排气筒，非甲烷总烃排放速率≥3 kg/h、重点地区非甲烷总烃排放速率≥2 kg/h 的废气排放口为主要排放口，其他废气排放口均为一般排放口。

2.4.1.3 绿色设计产品评价技术规范 汽车轮胎（HG/T 5864—2021）

《绿色设计产品评价技术规范 汽车轮胎》（HG/T 5864—2021）提出，根据汽车轮胎的特点，明确评价范围，根据评价指标体系的指标和生命周期评价方法，收集相关数据，对数据进行分析，对照基本要求和评价指标要求，对轮胎进行评价，符合基本要求和评价指标要求的，可以判定该轮胎符合生态设计产品的评价要求；符合要求的轮胎生产企业，还应提供该产品的生命周期评价报告。

（1）评价要求——基本要求

①轮胎生产企业的污染物排放状况，应达到国家或地方污染物排放标准的要求，近 3 年无重大安全和环境污染事故；

②鼓励实施清洁生产审核，清洁生产水平行业领先；鼓励承诺实施责任关怀；

③轮胎质量，安全，卫生性能及节能降耗和综合利用水平，应达到国家标准、行业标准的相关要求；

④宜采用国家鼓励的先进技术工艺，不得使用国家或有关部门发布的淘汰或禁止的技术、工艺、装备及相关物质；

⑤轮胎生产企业的污染物总量控制，应达到国家和地方污染物排放总量控制指标；

⑥轮胎产品应通过 CCC 强制性产品认证；

⑦按 GB/T 19001 建立并实施质量管理体系，按 GB/T 24001 建立并实施环境管理体系，按 GB/T 23331 相关要求建立并实施能源管理体系，按 GB/T 28001 建立职业健康安全管理体系；

⑧按 GB 17167 要求配备能源计量器具；

⑨轮胎单胎可追溯性参照附录 C。

（2）评价指标要求

①资源属性指标。

轮胎生产资源属性指标限值要求见表 2-5。

表 2-5 轮胎生产资源属性指标限值要求

指标		限值
新鲜水消耗量/（m^3/t 轮胎）		≤6.60
橡胶消耗量/（t 三胶/t 轮胎）	轿车、轻载汽车子午线轮胎	≤0.45
	载重汽车子午线轮胎	≤0.53
余热余压利用率/%		≥90
工业用水重复利用率/%		≥95
工业固体废物综合利用率/%		≥97

②能源属性指标。

单位产品生产综合能耗应符合 GB 29449 轮胎单位产品能耗先进值的规定。

③环境属性指标。

在生产过程中污染物排放应符合 GB 27632 中对新建企业污染物排放限值的规定。恶臭污染物排放应符合 GB 14554 的规定。

④产品属性指标。

轮胎成品中有害物质限量要求：a）汽车轮胎成品胎不同部位取样多环芳烃产生的 Hbay（湾区质子）含量不大于 0.35%。b）汽车轮胎成品胎中有害物质限量要求见表 2-6。

表 2-6 轮胎中有害物质限量要求

限用物质	质量要求（质量分数）/%
铅	≤0.1
汞	≤0.1
镉	≤0.01
六价铬	≤0.1

轮胎性能要求：滚动阻力应满足表 2-7 的要求，滚动噪声应满足表 2-8、表 2-9 的要求，湿路面抓着性应满足表 2-10 的要求。

表 2-7 滚动阻力系数限值要求

轮胎类型			轮胎滚动阻力系数/（N/kN）	
			普通轮胎	雪地轮胎
轿车子午线轮胎			≤9.0	≤10.0
微型及轻型载重汽车子午线轮胎	单胎负荷指数≤121	速度级别 N 及以上	≤8.0	≤9.0
		速度级别 M 及以下	≤6.5	≤7.5
载重汽车子午线轮胎			≤6.5	≤7.5

注：载重汽车子午线轮胎不含块状花纹的矿山型轮胎。

表 2-8 轿车子午线轮胎滚动噪声限值要求

名义断面宽/mm	限值/dB（A）
≤145	≤72
＞145，≤165	≤73
＞165，≤185	≤74
＞185，≤215	≤75
＞215	≤76

注：对于雪地轮胎、增强型轮胎，或这些类型的任意组合，上表的限值可高 1dB（A）。

表 2-9 载重汽车子午线轮胎滚动噪声限值要求

轮胎类型			限值/（dB（A））
微型及轻型载重汽车子午线轮胎	单胎负荷指数≤121	速度级别 N 及以上	≤75
		速度级别 M 及以下	≤76
载重汽车子午线轮胎			≤76

注：1. 单胎负荷指数≤121，速度级别 N 及以上的微型载重汽车子午线轮胎牵引型雪地轮胎的限值可提高 2dB（A）。
2. 对于所有其他类型的雪地轮胎，上表的限值可提高 1dB（A）。

表 2-10 湿路面抓着性能限值要求

轮胎类型			湿路面抓着性能指数（G）
轿车子午线轮胎			G≥1.25
微型及轻型载重汽车子午线轮胎	单胎负荷指数≤121	速度级别 N 及以上	G≥1.10
		速度级别 M 及以下	G≥0.80
载重汽车子午线轮胎			G≥0.80

原材料属性指标：a）汽车轮胎生产过程中不应使用分解后产生亚硝胺的橡胶助剂。b）用于制造轮胎添加的环保操作油的限量物质要求见表 2-11。

表 2-11 环保操作油限量物质要求

限量物质	限量要求/（mg/kg）
苯并[*a*]芘 Benzo [*a*] pyrene（B*a*P）CAS No 50-32-8	≤1
8 种 PAHs 苯并[*a*]芘 Benzo [*a*] pyrene（B*a*P）CAS No 50-32-8 苯并[*a*]蒽 Benzo [*a*] anthracene（B*a*A）CAS No 56-55-3 苯并[*k*]荧蒽 Benzo [*k*] fluoranthene（B*k*FA）CAS No 207-08-9 苯并[*e*]芘 Benzo [*e*] pyrene（B*e*P）CAS No 192-97-2 苯并[*j*]荧蒽 Benzo [*j*] fluoranthene（B*j*FA）CAS No 205-82-3 苯并菲 Chrysen（CHR）CAS No 218-01-9 二苯并[*a*，*h*]蒽 Dibenzo [*a*，*h*] anthracene（DB*ah*A）CAS No 53-70-3 苯并[*b*]荧蒽 Benzo [*b*] fluoranthene（B*b*FA）CAS No 205-99-2	总含量≤10

2.4.2 地方层面排放标准及技术规范

2.4.2.1 地方标准规定的有组织排放限值

已出台地方标准规定的有组织排放限值见表 2-12。

表 2-12 地方标准规定的有组织排放限值

序号	标准名称	标准号	控制指标	限值
1	山东《挥发性有机物排放标准 第 6 部分：有机化工行业》	DB 37/2801.6—2018	VOCs（轮胎企业及其他制品企业炼胶、硫化装置）	10 mg/m^3
			VOCs（轮胎企业及其他制品企业胶浆制备、浸浆、胶浆喷涂和涂胶装置）	60 mg/m^3
2	广东《大气污染物排放限值》	DB 44/T 27—2001	非甲烷总烃	120 mg/m^3
3	北京《大气污染物综合排放标准》	DB 11/501—2017	非甲烷总烃	50 mg/m^3
4	河北《工业企业挥发性有机物排放控制标准》	DB 13/2322—2016	非甲烷总烃（其他行业）	80 mg/m^3

<table>
<tr><th>序号</th><th>标准名称</th><th>标准号</th><th>控制指标</th><th colspan="3">限值</th></tr>
<tr><td rowspan="2">5</td><td rowspan="2">陕西《挥发性有机物排放控制标准》</td><td rowspan="2">DB 61/T 1061—2017</td><td>非甲烷总烃（炼胶、硫化工艺有机废气排放设施）</td><td colspan="3">10 mg/m^3</td></tr>
<tr><td>非甲烷总烃（胶浆制备、浸浆、胶浆喷涂和涂胶工艺有机废气排放设施）</td><td colspan="3">80 mg/m^3</td></tr>
<tr><td rowspan="2">6</td><td rowspan="2">天津《工业企业挥发性有机物排放控制标准》</td><td rowspan="2">DB 12/524—2014</td><td>VOCs（轮胎企业及其他制品企业炼胶、硫化设施）</td><td colspan="3">10 mg/m^3</td></tr>
<tr><td>VOCs（轮胎企业及其他制品企业胶浆制备、浸浆、胶浆喷涂和涂胶设施）</td><td colspan="3">100 mg/m^3</td></tr>
<tr><td rowspan="2">7</td><td rowspan="2">《四川省固定污染源大气挥发性有机物排放标准》</td><td rowspan="2">DB 51/2377—2017</td><td>VOCs（轮胎企业及其他制品企业炼胶、硫化装置）</td><td colspan="3">10 mg/m^3</td></tr>
<tr><td>VOCs（轮胎企业及其他制品企业胶浆制备、浸浆、胶浆喷涂和涂胶装置）</td><td colspan="3">80 mg/m^3</td></tr>
<tr><td>8</td><td>重庆《大气污染物综合排放标准》</td><td>DB 50/418—2016</td><td>非甲烷总烃</td><td colspan="3">120 mg/m^3</td></tr>
<tr><td>9</td><td>《厦门市大气污染物排放标准》</td><td>DB 35/323—2011</td><td>非甲烷总烃</td><td colspan="3">100 mg/m^3</td></tr>
<tr><td>10</td><td>天津《恶臭污染物排放标准》</td><td>DB 12/059—2018</td><td>臭气浓度（无量纲）</td><td colspan="3">1 000</td></tr>
<tr><td rowspan="5">11</td><td rowspan="5">上海《恶臭（异味）污染物排放标准》</td><td rowspan="5">DB 31/1025—2016</td><td rowspan="5">臭气浓度（无量纲）</td><td>排气筒高度</td><td>工业企业</td><td>其他恶臭污染源</td></tr>
<tr><td>$H<15$ m</td><td>500</td><td>800</td></tr>
<tr><td>15 m$\leqslant H<30$ m</td><td>1 000</td><td>1 000</td></tr>
<tr><td>30 m$\leqslant H<50$ m</td><td>1 500</td><td>1 500</td></tr>
<tr><td>$H\geqslant 50$ m</td><td>3 000</td><td>3 000</td></tr>
</table>

2.4.2.2 浙江省橡胶制品业挥发性有机物污染防治可行技术指南

为贯彻《中华人民共和国环境保护法》《中华人民共和国大气污染防治法》《浙江省大气污染防治条例》，防治挥发性有机物（VOCs）污染，推动橡胶制品业污染防治技术进步，2020 年 9 月浙江省生态环境厅制定了《浙江省橡胶制品业挥发性有机物污染防治可行技术指南》。该指南适用于橡胶制品业生产过程中产生的挥发性有机物的污染控制。

其中提出，橡胶制品业排放的 VOCs 成分复杂，利用单一治理技术处理时在净化率、安全性及经济性等方面具有一定的局限性，难以达到预期的治理效果，多种技术组合应用可以充分发挥单一治理技术的优势，进行互补协同作用，突破现有局限性，在满足达标排放的同时降低成本。VOCs 污染防治可行技术见表 2-13。

表 2-13 浙江省橡胶制品业 VOCs 污染防治可行技术

工艺类型	可行技术		技术适用范围
炼胶	预防技术	固体小料自动称量技术	适用于交流剂等固体小料称量和进料过程
		液体小料自动称量技术	适用于软化增塑剂等液体小料称量和进料过程
		胶片水冷技术	适用于胶片冷却过程
	治理技术	预处理+吸附浓缩+燃烧技术	适用于密炼及后续压片工艺过程 VOCs 及恶臭污染治理；轮胎制造行业可采用“除尘+沸石转轮吸附浓缩+燃烧”工艺；其他橡胶制品行业（轮胎制造除外）可采用“除尘+活性炭吸附浓缩+燃烧”工艺
		过滤+臭氧/光氧化+喷淋吸收	适用于风冷过程恶臭污染治理
压延	治理技术	喷淋吸收/过滤+臭氧/光氧化+喷淋吸收技术	适用于热炼、压延工艺过程恶臭污染治理
		锅炉/工艺炉/RTO 热力燃烧技术	适用于浸胶工艺废气 VOCs 治理
硫化	治理技术	喷淋吸收/过滤+臭氧/光氧化+喷淋吸收技术	适用于硫化工艺过程恶臭污染治理
		预处理+吸附浓缩+燃烧技术	适用于硫化工艺过程 VOCs 及恶臭污染治理
打浆、浸胶	治理技术	预处理+吸附浓缩+燃烧技术	适用于乳胶制品行业液态胶打浆、浸胶等工序

2.4.2.3 东营市橡胶轮胎生产行业废气治理技术导则（试行）

为加强和规范橡胶轮胎行业废气治理工作，依据相关法律法规和文件的有关规定，东营市生态环境局制定了《东营市橡胶轮胎生产行业废气治理技术导则（试行)》。该导则适用于东营市橡胶轮胎、胶囊等轮胎生产行业大气污染防治。再生橡胶、橡胶密封条、胶管、橡胶输送带等橡胶制品行业废气处理可参考执行。

2.4.2.4 杭州市轮胎制造（橡胶制品业）行业挥发性有机物污染整治规范（试行）

根据《浙江省挥发性有机物污染整治方案》(浙环发〔2013〕54 号）和《关于印发浙江省重污染高耗能行业整治提升 2015 年度实施方案的通知》(浙环函〔2015〕141 号）要求，杭州市环境保护局印发了《轮胎制造（橡胶制品业）行业挥发性有机物污染整治规范（试行)》，提出了轮胎制造行业挥发性有机物减少排放措施、末端治理技术要点、日常管理要求、运行管理台账记录要求、挥发性有机物治理检查要点、废气排放标准等。

2.4.2.5 台州市橡胶制品业（轮胎制造除外）挥发性有机物污染整治规范

为贯彻执行《中华人民共和国环境保护法》和《中华人民共和国大气污染防治法》，根据《浙江省人民政府关于“十二五”时期重污染高耗能行业深化整治促进提升的指导意见》(浙政发〔2011〕107 号)、《浙江省工业大气污染防治专项实施方案（2014—2017 年)》(浙政办发〔2014〕61 号)、《浙江省挥发性有机物污染整治方案》(浙环发〔2013〕54 号）等文件相关要求，加快环境技术管理体系建设，进一步规范挥发性有机物污染防治工作，改善台州市环境空气质量，台州市生态环境局制定《台州市橡胶制品业（轮胎制造除外）挥发性有机物污染整治规范》，以指导台州市轮胎制造业外的橡胶制品业挥发性有机物污染整治及环境管理。

该整治规范从加强源头控制、完善废气收集、提升末端治理、强化监督管理等方面提出了明确的整治要求，通过污染整治，以基本解决台州市橡胶制品业污染控制技术与装备落后、污染治理设施运行效率低下、环境管理滞后、部分区域 VOCs 污染严重等突出问题。

2.4.2.6 青岛市重点行业挥发性有机物污染治理技术导则（试行）

为落实国家、山东省大气污染防治规划计划，加强对挥发性有机物污染防治所涉及的环评审批、清洁生产审核、污染治理、环境监管等工作的指导，提高挥发性有机物（VOCs）污染防治水平，改善环境质量，青岛市生态环境局制定了《青岛市重点行业挥发性有机物污染治理技术导则（试行）》。其中，对橡胶和塑料制品行业提出了整治要求。根据《国民经济行业分类》（GB/T 4754—2017）的 C29 橡胶和塑料制品业（重点 C2911 轮胎制造业和 PVC 造粒）的挥发性有机物防治应参照执行。

（1）参照化工行业要求，对所有有机溶剂及低沸点物料采取密闭式存储，以减少无组织排放。

（2）橡胶制品企业产生 VOCs 的生产工艺装置必须设立局部气体收集系统和集中高效净化处理装置，确保达标排放。

①密炼机单独设吸风管，进出料口设集气罩局部抽风，出料口水冷段、风冷段生产线应密闭化，风冷废气收集后集中处理。可采用袋除尘+介质过滤+吸附浓缩+蓄热催化焚烧处理和生物技术处理；在规模不大、不扰民的情况下也可采用低温等离子、光催化氧化、多级吸收、吸附和生物处理。

②开炼机产生的废气应设集气罩局部抽风集气，废气可采用吸收、吸附、生物处理等适用技术。

③硫化罐泄压宜先抽负压再常压开盖，硫化机群上方设置大围罩导风，并宜采用下送冷风、上抽热风方式集气。废气可采用复合光催化、吸收、吸附、微生物处理、浓缩燃烧或除臭剂处理法等适用技术。

④打浆、浸胶、喷涂、烘干应采用密闭设备和密闭集气，禁止敞开运输浆料，溶剂废气应采用活性炭或碳纤维吸附再生方式回收利用。橡胶企业车间应整体密闭化并换风，废气通过屋顶集中排放。

（3）PVC 制品企业增塑剂应密闭储存，配料、混炼、造粒、挤塑、压延、发泡等生产环节应设集气罩局部抽风集气，废气可采用静电除雾器处理。

（4）其他塑料制品企业应对工艺温度高、易产生 VOCs 废气的岗位进行抽风排气，废气可采用活性炭吸附或低温等离子技术处理。

2.4.2.7　山东省绿色轮胎技术规范

2018 年 2 月，山东省质量技术监督局发布了《绿色轮胎技术规范》（DB 37/T 3098—2018），该标准规定了绿色轮胎的术语和定义、技术要求、检验方法，标准适用于新的轿车轮胎、微型/轻型载重汽车轮胎、载重汽车充气子午线轮胎及斜交轮胎。

该标准中规定，绿色轮胎是应用新材料和设计工艺，节能、环保、安全的子午线轮胎产品。绿色轮胎具有低滚动阻力、低燃油消耗、出色的操纵稳定性、更短的制动距离、更好的耐磨性等突出的动态产品特征。与传统轮胎相比，凸显了环保、节能、安全、新工艺、新材料等多方面的优势。

2.5 橡胶制品行业清洁生产相关政策法律法规

2.5.1 清洁生产相关政策法规

2002 年，中华人民共和国第九届全国人民代表大会常务委员会第二十八次会议通过了《中华人民共和国清洁生产促进法》，该法于 2003 年正式实施，标志着我国迈向了清洁生产有法可依的全新阶段。此后，相关部委陆续颁布了一系列的清洁生产法规政策（表 2-14）。

表 2-14 我国清洁生产法律法规及管理文件

年份	政府部门	法律法规、规定和管理办法
2002	全国人大常委会	《中华人民共和国清洁生产促进法》
2003	国家环境保护总局	《关于贯彻落实〈清洁生产促进法〉的若干意见》
	国务院	《国务院办公厅转发发展改革委等部门〈关于加快推行清洁生产意见〉的通知》
2004	财政部	《中央补助地方清洁生产专项资金使用办法》
2005	国家环境保护总局	《关于印发重点企业清洁生产审核程序的规定的通知》
2008	环境保护部	《关于进一步加强重点企业清洁生产审核工作的通知》
	环境保护部	《重点企业清洁生产审核评估验收实施指南（试行）》
2009	工信部	《关于加强工业和通信业清洁生产促进工作的通知》
	财政部、工信部	《中央财政清洁生产专项资金管理暂行办法》
2010	环境保护部	《关于深入推进重点企业清洁生产的通知》（附件一《重点企业清洁生产行业分类管理名录》）
2012	全国人大常委会	《中华人民共和国清洁生产促进法（修正）》
2016	国家发展改革委、环境保护部	《清洁生产审核办法》
2018	生态环境部、国家发展改革委	《清洁生产审核评估与验收指南》

2012 年 2 月 29 日，《中华人民共和国清洁生产促进法》由第十一届全国人民代表大会常务委员会第二十五次会议修改通过，自 2012 年 7 月 1 日起实施。修改后的《清洁生产促进法》明确了应当实施强制性清洁生产审核的三种情形：

①污染物排放超过国家或者地方规定的排放标准，或者虽未超过国家或者地方规定的排放标准，但超过重点污染物排放总量控制指标的。

②超过单位产品能源消耗限额标准构成高耗能的。

③使用有毒、有害原料进行生产或者在生产中排放有毒、有害物质的。

随着修改后的《清洁生产促进法》的实施，有关部门修订并发布了《清洁生产审核办法》（国家发展和改革委员会、环境保护部令　第 38 号），进一步理顺了清洁生产审核管理机制，明确了清洁生产审核评估验收制度的重点内容。2018 年，配套出台了《清洁生产审核评估与验收指南》（环办科技〔2018〕5 号），为支撑行业开展清洁生产工作，指导地方和企业开展清洁生产审核提供了法律依据。

2.5.2 橡胶制品行业清洁生产政策

国家发展和改革委员会发布了《轮胎行业清洁生产评价指标体系（试行）》，提出了轮胎行业清洁生产定量评价指标项目、权重及基准值（表 2-15），轮胎行业清洁生产定性评价指标项目及分值（表 2-16）。

表 2-15　轮胎行业清洁生产定量评价指标项目、权重及基准值

序号	评价指标			权重	单位	评价基准值
1	资源与能源消耗指标	综合能耗	载重子午线轮胎/承用、轻卡子午线轮胎/斜交胎	27	kgce/t 三胶	1 500/1 400/1 450
2		橡胶消耗量	载重子午线轮胎/乘用、轻卡子午线轮胎/斜交胎	5.5	t 三胶/t 产品	0.55/0.45/0.50
3		新鲜水消耗量		4.5	t/t 三胶	26
4	产品特征指标	外胎综合合格率		4	%	99
5	污染物产生指标	废水量		6	t/t 产品	4.5
6		废水 COD		2	kg/t 产品	0.65
7		废水 pH		1		6～9
8		废气量		7	Nm^3/t 产品	1 300

序号	评价指标		权重	单位	评价基准值
9	污染物产生指标	炭黑粉尘量	13	kg/t 产品	0.016
10		废气中非甲烷总烃	2	kg/t 产品	0.4
11		恶臭	2		20
12		固体废物产生量	4	t/t 产品	0.05
13	资源综合利用指标	水循环利用率	7	%	95
14		固体废物回收利用率	7	%	97
15	健康安全指标	劳保投入	2	元/（人·a）	1 000
16		职业病发病率	2	%	0.01
17		千人负伤率	4	%	0.1

注：1. 三胶指天然橡胶、合成橡胶和再生橡胶。

2. 产品是指最终成品轮胎，包括载重子午线轮胎、斜交胎和乘用/轻卡子午线轮胎。

表 2-16　轮胎行业清洁生产定性评价指标项目及分值

序号	一级指标	指标分值	二级指标	指标分值	备注
1	生产技术特征指标	40	载重子午线轮胎	40	定性评价指标无评价基准值，其考核按对该指标的执行情况给分。技术特征指标中对于生产载重子午线轮胎或乘用/轻卡子午线轮胎的企业指标分值直接选用 40 分；对于既生产载重子午线轮胎、乘用/轻卡子午线轮胎又生产斜交胎的企业，可根据产量计算其生产技术特征指标分值。分值= $\frac{\text{载重子午线轮胎年产量（万条）}}{\text{轮胎年总产量（万条）}}\times 40+\frac{\text{乘用/轻卡子午线轮胎年产量（万条）}}{\text{轮胎年总产量（万条）}}\times 40+\frac{\text{斜交胎年产量（万条）}}{\text{轮胎年总产量（万条）}}\times 20$
			乘用/轻卡子午线轮胎	40	
			斜交胎	20	
2	环境管理体系建立及清洁生产审核	25	建立环境管理体系并通过认证	15	
			开展清洁生产审核	10	
3	贯彻执行环境保护法规的符合性	25	建设项目环保“三同时”执行情况	5	
			建设项目环境影响评价制度执行情况	5	
			老污染源限期治理项目完成情况	5	
			污染物排放总量控制情况	10	
4	资源综合利用指标	10	子午线轮胎和大型工程轮胎翻新情况	5	
			废旧橡胶综合利用情况	5	

3 橡胶制品行业生产工艺及产排污环节

3.1 生产工艺及原辅材料

3.1.1 生产工艺环节术语和定义

（1）塑炼

塑炼俗称轧炼，指采用机械或化学的方法，降低生胶分子量和黏度以提高其可塑性，并获得适当的流动性，从而满足混炼和成型等进一步加工需要的过程。

（2）混炼

将塑炼后的生胶与配合剂混合，放在炼胶机中通过机械拌合作用，使配合剂完全、均匀地分散在生胶中的一种过程。混炼后得到的胶料称为混炼胶，俗称胶料。

（3）炼胶

塑炼与混炼的统称。

（4）打浆

打浆是指用溶剂将混炼胶溶解成流体状物的过程，所得产品俗称胶浆。

（5）浸胶（涂胶）

浸胶是将织物或线绳浸入胶浆中，使织物或线绳附上胶膜的过程。浸胶可提高织物、线绳与橡胶的黏着力，增强制品的耐剥离及多次压缩变形性能。

涂胶是将胶浆涂覆于织物表面以获得一定厚度胶层的工艺过程。它可以作为压延前的底涂加工，也可用于胶布的加工。

（6）压延

压延即利用压延机或压出机将橡胶预先制成不同形状、不同尺寸的过程。

（7）硫化

硫化是把塑性橡胶转化为弹性橡胶的过程。它是将一定量的硫化剂加入由生胶制成的半成品中，在规定的温度下加热、保温，使生胶的线性分子间通过生成“硫桥”而相互交联成立体的网状结构，从而使塑性的胶料变成具有高弹性的硫化胶的过程。

（8）脱硫

脱硫主要使用在再生胶生产工艺中，即用不同加热方式或其他传能及其相应设备，使胶粉在再生剂/软化剂参与下，获得类似生胶性能的化学、物理降解过程。

（9）捏炼

对脱硫后的胶料进行捏合，增强橡胶塑性的过程。

（10）精炼

对捏炼后的胶料进行再加工，除去塑化后胶粉中的颗粒，使胶料进一步增塑并改善再生胶加工性能的过程。

3.1.2 生产工艺

3.1.2.1 轮胎制品

典型轮胎制造工艺包括炼胶、半成品制造、成型、硫化等工序，典型轮胎炼胶工艺流程见图 3-1，典型轮胎制造工艺流程见图 3-2。

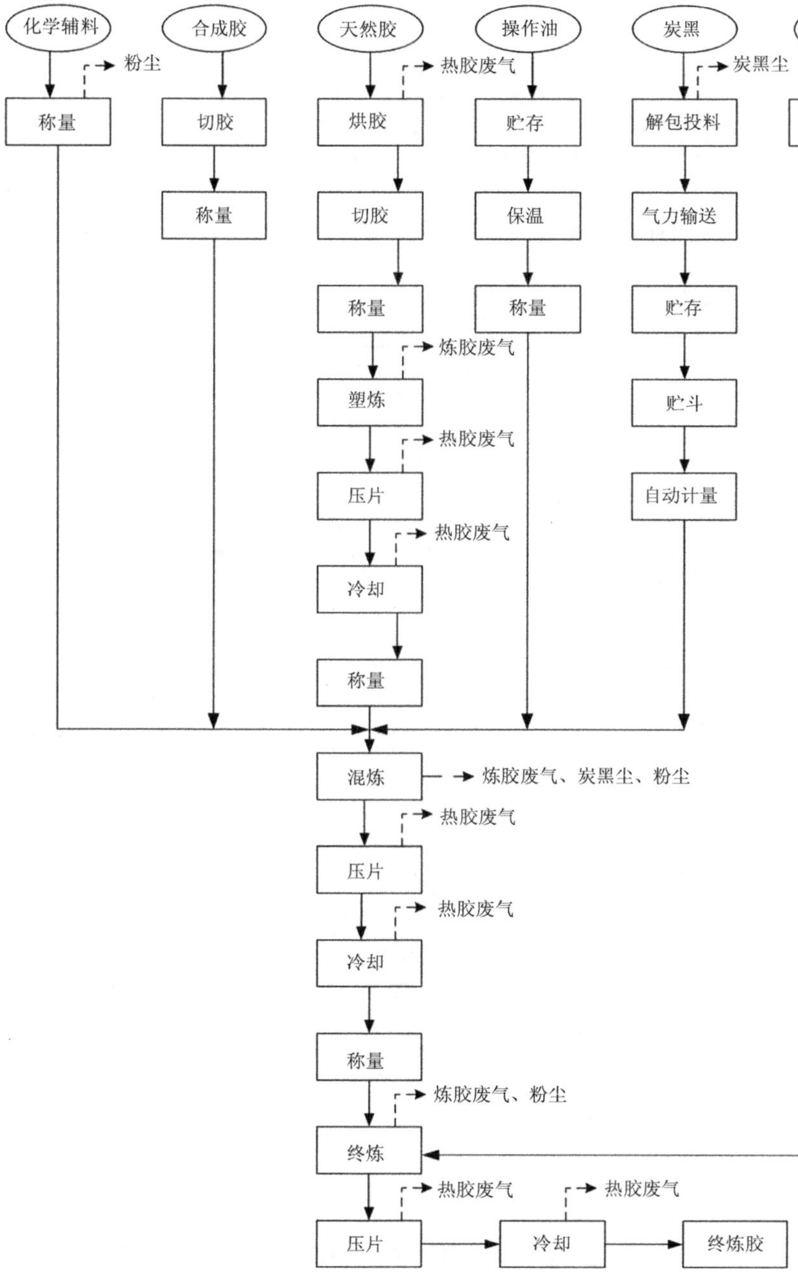

图 3-1 典型轮胎炼胶工艺流程

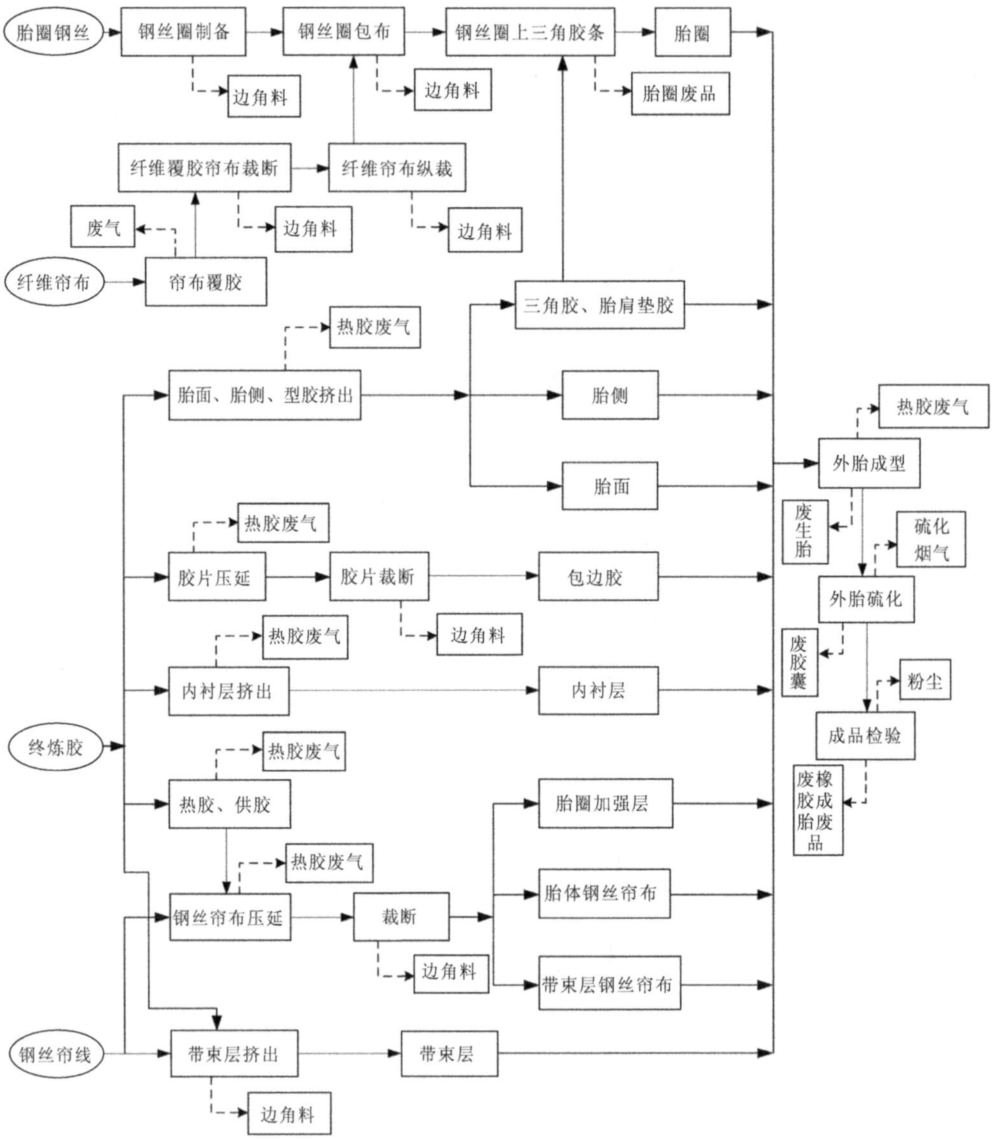

图 3-2　典型轮胎制造工艺流程

工序一：炼胶。轮胎炼胶主要在密炼机中进行加工，轮胎中每一种胶部件所使用的胶料具备特定性能，胶料的成分取决于轮胎使用性能要求。主要设备包括开炼机、密炼机、辊筒挤出机、下片机、凉片机、自动称量及自动供料系统等。

工序二：半成品制造。包括半成品挤出、钢丝压延、纤维帘布压延、内衬层（薄胶片）生产、胎圈成型、三角胶敷贴、钢丝帘布裁断等多个半成品制造工序。主要设备包括挤出机、压延机、薄胶片生产线、三角胶敷贴机、钢丝帘布裁断机等。

工序三：成型。在轮胎成型机中将胎面、内衬层、帘布、钢圈等半成品贴合形成胎坯。轮胎制造中常用三鼓成型机，制造的轮胎动平衡性和均匀性好，已取代两鼓成型机，得到广泛应用。

工序四：硫化。将胎坯装入模具，依据标准在一定的温度、压力、时间下将橡胶分子由链状的线型结构变为立体的网状结构的过程。主要设备包括四柱硫化机、天平式硫化机、硫化罐、个体硫化机等。

3.1.2.2 再生胶制品

废橡胶（硫化橡胶）经破碎处理后，经筛分得到符合要求的胶粉。将胶粉和再生助剂加入密闭搅拌机中混合均匀后送入脱硫机，脱硫工段破坏硫化橡胶的立体网状结构，使其具有可塑性和黏性，可再硫化。脱硫工段后胶粉经过炼胶、切片后被炼制成成品再生橡胶。脱硫工段采用的技术主要有动态脱硫和常压连续脱硫两种。

再生胶制品生产企业使用的主要原辅材料包括废橡胶（或外购胶粉）、再生助剂（软化剂、活化剂、增稠剂和抗氧剂等），典型的再生助剂如石油沥青、松焦油、芳烃油等含 VOCs 的材料。主要产品为初级形状的再生橡胶，经后续成型硫化工段后可得到各种再生胶制品成品。再生胶制品业生产工艺流程及 VOCs 产生节点见图 3-3。

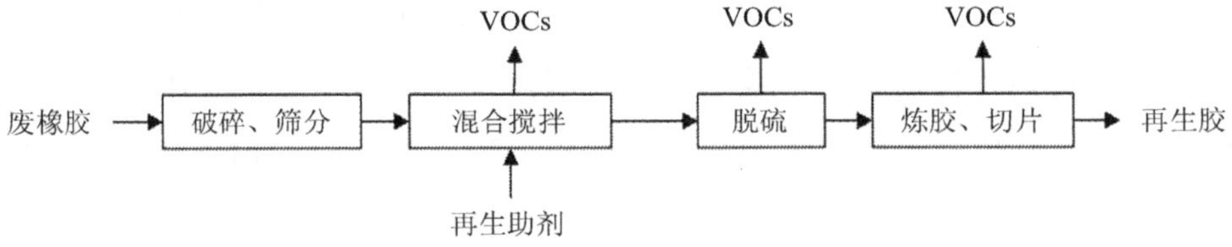

图 3-3 典型再生胶制品业工艺流程及 VOCs 产生节点

3.1.2.3 日用及医用橡胶制品制造

各种配合剂加入胶乳进行打浆，得到胶浆。胶浆通过模具浸渍或压出成型，成型后从模具上脱下切边得到成品。乳胶制品业产品不同，对应的生产工艺存在差异，主要有配合混合、预硫化、预处理、浸胶、硫化等生产工序，天然乳胶对预硫化、预处理要求较高。

日用及医用橡胶制品所使用的原辅料与其他橡胶制品业类似，除天然胶乳、合成胶乳，也使用防老剂、分散剂、活性剂、增稠剂、硫化剂等配合剂。存在的差异为，日用及医用橡胶制品需要溶剂将各种原辅料溶解并制成胶状，打浆常用的有汽油等溶剂油，最常用的是 120 号溶剂油，沸点为 80～120℃。一般情况下，油性胶乳生产过程的含 VOCs 助剂使用量大于水性胶乳，硅橡胶制品较多使用无机配合剂，较少使用挥发性有机助剂。主要产品包括乳胶手套、乳胶密封圈、乳胶管、乳胶枕等。日用及医用橡胶制品制造业生产工艺流程及 VOCs 产生节点见图 3-4。

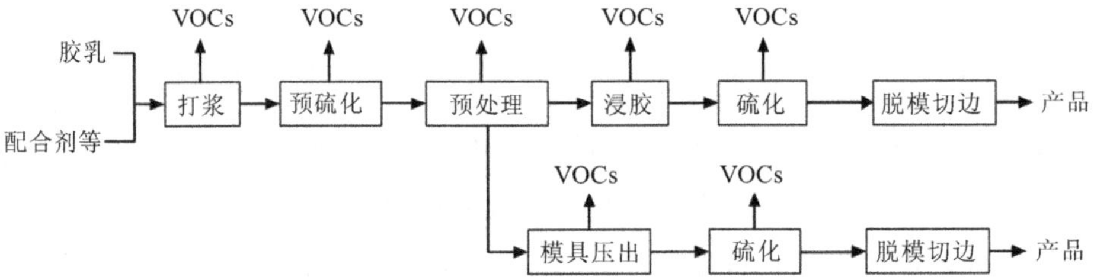

图 3-4 典型日用及医用橡胶制品制造业工艺流程及 VOCs 产生节点

3.1.2.4 其他橡胶制品

天然橡胶切胶后进行塑炼以降低生胶分子量和黏度，提高其可塑性，并获得适当的流动性。将生胶（包括天然胶、合成胶和再生胶）与各种助剂按一定比例配制加入炼胶机中进行混炼。混炼后进入压延工段，通过压延制成具有一定断面形状的胶片或实现在织物上覆盖胶层。部分产品涉及打浆、浸胶工艺，混炼后的成品胶和助剂在打浆机里搅拌均匀，浆液用于浸布（绳、线）或涂胶。剪裁成型后进入硫化工段，硫化后进行切割打磨等后处理工序，得到产品成品。

其他橡胶制品生产企业使用的主要原辅材料包括固态生胶（包括天然胶、合成胶和再生胶）、各种配合剂（促进剂、软化剂、防老剂、硫化剂、填充剂、补强剂等），典型的辅料如三线油、大豆油、松焦油增塑剂等含 VOCs 的材料。主要产品为运输带、传送带、三角带、胶管、汽车橡胶密封条配件、橡胶减震垫等各类橡胶制品。其他橡胶制品业生产工艺流程及 VOCs 产生节点见图 3-5。

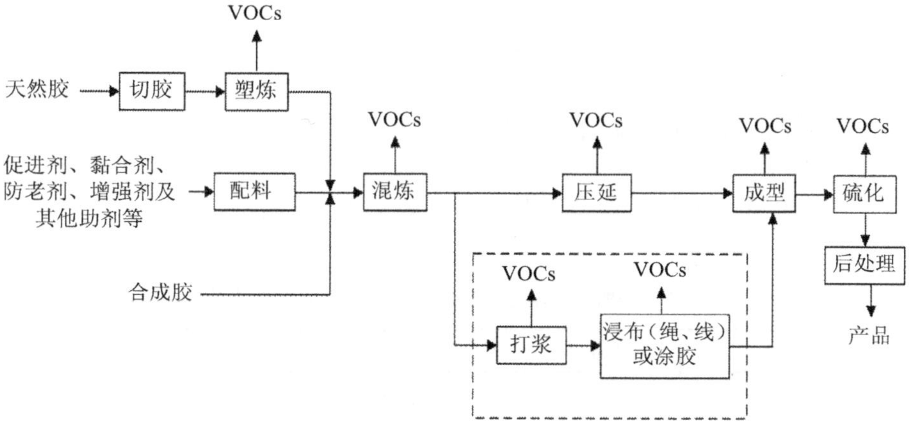

图 3-5 典型其他橡胶制品业工艺流程及 VOCs 产生节点

注：图中打浆、浸布或涂胶工序的虚线方框代表可选工序。

3.1.3 原辅材料

（1）轮胎制品，橡胶板、管、带，橡胶零件及其他橡胶制品：主要原料包括橡胶材料（天然橡胶、合成橡胶、再生橡胶）和骨架材料（金属、纤维、其他）；辅料包括补强材料（炭黑、白炭黑、碳酸钙、其他）、增塑材料（树脂、操作油、增塑剂、其他）、防老材料、硫化材料、其他材料。

（2）日用及医用橡胶制品：主要原料包括天然胶乳、合成胶乳、其他；辅料包括填充材料、防老材料、硫化材料、稳定材料、其他材料。

（3）运动场地用塑胶：主要原料包括橡胶材料（天然橡胶、合成橡胶、再生橡胶）和骨架材料（纤维、其他）；辅料包括补强材料（炭黑、白炭黑、碳酸钙、其他）、增塑材料、防老材料、硫化材料、其他材料。

3.2 产排污环节及排放特征

3.2.1 主要产排污节点及治理设施

橡胶制品行业主要产排污节点及治理设施如表 3-1 所示。

表 3-1 橡胶制品行业主要产排污节点及治理设施

子行业	产排污环节	污染物项目	过程控制技术	废气治理技术
轮胎制品制造	磨削[a]	PM	密闭过程 密闭场所 局部收集	袋式除尘、滤筒/滤芯除尘
	炼胶[b]	PM	密闭过程 密闭场所 局部收集	袋式除尘、滤筒/滤芯除尘
		VOCs、臭气浓度、特征污染物		喷淋、吸附、热力燃烧、催化燃烧、等离子体、低温等离子体、UV 光催化/光氧化、生物法、以上组合技术

子行业	产排污环节	污染物项目	过程控制技术	废气治理技术
轮胎制品制造	硫化	VOCs、臭气浓度、特征污染物	密闭过程 密闭场所 局部收集	喷淋、吸附、热力燃烧、催化燃烧、等离子体、低温等离子体、UV 光催化/光氧化、生物法、以上组合技术
	胶浆制备、刷胶浆	VOCs、臭气浓度、特征污染物	溶剂替代 密闭过程 密闭场所 局部收集	吸附、燃烧
橡胶板、管、带制造，橡胶零件制造，运动场地用塑胶制造及其他橡胶制品制造	炼胶	PM	密闭过程 密闭场所 局部收集	袋式除尘、滤筒/滤芯除尘
		VOCs、臭气浓度、特征污染物		喷淋、吸附、热力燃烧、催化燃烧、等离子体、低温等离子体、UV 光催化/光氧化、生物法、以上组合技术
	硫化	VOCs、臭气浓度、特征污染物	密闭过程 密闭场所 局部收集	喷淋、吸附、热力燃烧、催化燃烧、等离子体、低温等离子体、UV 光催化/光氧化、生物法、以上组合技术
	胶浆制备、浸浆、胶浆喷涂和涂胶	VOCs、臭气浓度、特征污染物	溶剂替代 密闭过程 密闭场所 局部收集	吸附、燃烧
日用及医用橡胶制品制造	配料	臭气浓度、NH_3 及其他特征污染物	密闭过程 密闭场所 局部收集	喷淋、吸附、热力燃烧、催化燃烧、等离子体、低温等离子体、UV 光催化/光氧化、生物法、以上组合技术
	浸渍	臭气浓度、NH_3 及其他特征污染物	密闭过程 密闭场所 局部收集	喷淋、吸附、热力燃烧、催化燃烧、等离子体、低温等离子体、UV 光催化/光氧化、生物法、以上组合技术
	硫化	PM	密闭过程 密闭场所 局部收集	袋式除尘、滤筒/滤芯除尘
		臭气浓度、特征污染物		喷淋、吸附、热力燃烧、催化燃烧、等离子体、低温等离子体、UV 光催化/光氧化、生物法、以上组合技术
公共单元	污水处理系统	臭气浓度、特征污染物	密闭过程 密闭场所 局部收集	喷淋、吸附、低温等离子体、UV 光催化/光氧化、生物法、以上组合技术
辅助单元	锅炉			

注：[a] 适用于轮胎翻新。

[b] 炼胶包含配料、密炼、开炼、挤出、压延工序。

（1）PM：主要来自轮胎制品制造，橡胶板、管、带制造，橡胶零件制造，运动场地用塑胶制造和其他橡胶制品制造的炼胶过程；日用及医用橡胶制品制造的硫化过程；轮胎翻新的磨削过程。

（2）SO_2、NO_x：主要来自锅炉废气。

（3）VOCs：主要来自橡胶轮胎，橡胶板、管、带，橡胶零件，运动场地用塑胶制品及其他橡胶制品制造的炼胶、硫化工序及胶浆制备、浸浆、喷涂过程；轮胎翻新的硫化过程。

3.2.2 污染物排放特征

美国 EPA《空气污染物排放系数汇编》（以下简称 AP-42），给出了橡胶制品生产过程中排放的 63 种污染物排放因子，从轮胎制品生产过程中摘取 26 种主要污染物排放因子如表 3-2 所示。

表 3-2 轮胎制品生产过程中排放因子 单位：t/t 胶

序号	物质	混炼	压延	成型	硫化
1	甲苯	$9.76×10^{-6}$	$3.92×10^{-6}$	$9.36×10^{-6}$	—
2	邻二甲苯	$1.00×10^{-5}$	$2.84×10^{-7}$	$1.46×10^{-7}$	$6.40×10^{-6}$
3	乙苯	$5.16×10^{-6}$	$1.57×10^{-7}$	$1.14×10^{-7}$	$9.01×10^{-6}$
4	间/对二甲苯	$1.75×10^{-5}$	$2.86×10^{-7}$	$4.02×10^{-7}$	$2.31×10^{-5}$
5	对苯二酚	$2.71×10^{-5}$	$3.73×10^{-8}$	—	—
6	二硫化碳	$4.21×10^{-6}$	$2.41×10^{-6}$	$3.74×10^{-7}$	$6.29×10^{-6}$
7	苯乙烯	$4.30×10^{-6}$	$4.86×10^{-7}$	$7.34×10^{-7}$	$1.37×10^{-6}$
8	苯乙酮	$2.60×10^{-6}$	$4.94×10^{-7}$	$3.36×10^{-6}$	$1.10×10^{-7}$
9	苯胺	$1.01×10^{-6}$	$9.44×10^{-8}$	$7.27×10^{-7}$	$3.05×10^{-6}$
10	四氯乙烯	$4.36×10^{-6}$	—	$9.75×10^{-8}$	$1.16×10^{-7}$
11	羰基硫化物	$2.13×10^{-6}$	—	—	$5.44×10^{-7}$
12	醋酸乙烯	$2.35×10^{-6}$	—	—	—
13	苯酚	$1.24×10^{-6}$	$1.49×10^{-7}$	$4.95×10^{-7}$	$2.55×10^{-7}$
14	异辛烷	$1.72×10^{-6}$	$2.69×10^{-7}$	$8.33×10^{-8}$	—

序号	物质	混炼	压延	成型	硫化
15	异丙苯	1.05×10^{-7}	1.29×10^{-6}	1.72×10^{-7}	2.80×10^{-7}
16	邻苯二甲酸二异辛酯	4.23×10^{-7}	7.34×10^{-7}	3.08×10^{-7}	2.23×10^{-7}
17	苯	7.18×10^{-7}	4.54×10^{-8}	3.14×10^{-7}	3.18×10^{-7}
18	1,3-丁二烯	7.82×10^{-7}	—	5.95×10^{-7}	—
19	萘	7.30×10^{-7}	1.21×10^{-7}	3.06×10^{-7}	1.67×10^{-7}
20	1,1-二氯乙烯	5.47×10^{-7}	—	—	5.85×10^{-7}
21	1,1,1-三氯乙烷	6.25×10^{-7}	3.89×10^{-8}	1.78×10^{-7}	1.23×10^{-7}
22	4-甲基-2-戊酮	5.83×10^{-5}	6.42×10^{-7}	8.20×10^{-6}	1.21×10^{-5}
23	二氯甲烷	4.66×10^{-5}	4.71×10^{-8}	1.48×10^{-5}	3.72×10^{-6}
24	正己烷	3.07×10^{-5}	5.59×10^{-7}	4.96×10^{-7}	2.81×10^{-6}
25	丁酮	1.45×10^{-5}	2.61×10^{-7}	2.51×10^{-7}	9.54×10^{-7}
26	挥发性有机物	2.98×10^{-4}	5.59×10^{-5}	1.80×10^{-5}	2.24×10^{-4}

3.2.3 炼胶

橡胶炼胶烟气含有多种有毒有害气体，其中的硫化氢、二氧化硫、挥发性有机物等物质对环境污染极大，会对人体健康产生严重危害。

橡胶厂炼胶车间炼胶过程中会产生烟气和粉尘，而且炭黑的输送、称量和投卸料等过程都可能产生并散发出极其细小的炭黑粉尘。这些粉尘如果以足够高的浓度扩散到大气中，就可能引起机械设备、电气元件的短路，甚至产生火灾、爆炸。有资料报道，粉尘粒径为 0.01～0.5 μm 时可通过呼吸、皮肤直接接触进入人体，直径为 0.2～5 μm 的颗粒对人体肺部危害较大，直径小于 0.1 μm 的颗粒对人体健康危害更大；这些颗粒能深入肺部并可能进入血液，对健康造成极大的危害。橡胶工业的环境污染与防治是整个橡胶化学工业环境保护和卫生控制的一个重要方面，研究和防治橡胶工业生产中的污染已成为现代橡胶工业迫切需要解决的问题。

3.2.3.1 炼胶粉尘来源

密炼车间的危害烟尘主要来自密炼、开炼、胶片的压延及能使胶料加温的工序，包括轻质粉末的飞扬，如炭黑和氧化锌以及炼胶助剂中能够飞扬的轻质成分、油料软化剂以及油状烃类油雾化、硫黄以及超速促进剂产生的硫化物等有毒气体，具体分析如下。

（1）生胶

生胶分为天然橡胶和合成橡胶，由于已经成为一种固定的高分子交联体系，所以一般的混炼温度不会产生有害气体，只是会挥发一定量的烃类物质，在整个污染物中比例很小。

（2）炭黑

主要产生粉尘粒子，是烟气中粉尘的主要来源。

（3）炼胶助剂

由于各种助剂种类繁多，而且大多为有机化合物，在混炼高温的情况下容易产生有害气体，所以小药部分是密炼生产过程中污染物的主要来源之一。密炼车间如图 3-6 所示。

图 3-6 密炼车间

3.2.3.2 炼胶粉尘特性

在橡胶工业中，从原材料（生胶）配合、混炼、成型和硫化等一系列加工工艺到制成所要求的橡胶制品的过程中，需要使用大量的、种类繁多的化学材料，如补强剂、填充剂、硫化剂、促进剂、活性剂、防老剂、增塑剂、隔离剂、发泡剂、着色剂、阻燃剂等，并且不同物料之间在炼胶过程中还会发生化学反应，生产出其他物质。配合剂粒径小，对加工、分散有利，但是容易飞扬弥漫，是橡胶制品企业普遍存在的污染问题。下面列出两种用量大且性能特殊的粉尘。

（1）炭黑

炭黑是橡胶工业主要的补强剂和填充剂，居橡胶原材料使用量的第二位，仅次于生胶。炭黑加入橡胶后，可以改善胶料的性能，如提高轮胎的耐磨性、抗湿滑性，能够极大提高轮胎的行驶里程。炭黑是黑色无味粉体，在高于 300℃时发生燃烧或焖烧，产生一氧化碳、二氧化碳和硫的氧化物。在炭黑浓度超过粉尘浓度限值的环境中长时间暴露会引起肺功能的损伤，但目前炭黑对人致癌性的证据有限。炭黑的物理特性：真密度 1.7～1.9 g/m^3；堆积密度 20～550 kg/m^3；pH＞7（50 g/LH_2O，20℃）。

（2）硫黄

硫黄作为橡胶硫化剂，与其他种类相比，价格低廉，形成硫化胶的综合性能较好，因此至今仍是国际橡胶工业的主导硫化剂。硫黄为淡黄色脆性结晶或粉末，熔点为 110～121℃，高于 154℃会变成液态硫，点火温度为 190℃，闪点为 168～188℃。它的导电性差，容易产生静电。硫黄本身无毒，但其燃烧形成的二氧化硫的浓度达到 6～20 ppm①时对人的眼、鼻、喉和肺产生刺激，浓度达到 40～500 ppm 会使人窒息。若在粉尘中含有 25%硫，其爆炸性与纯硫相同。此外，硫黄与氯酸盐、硝酸盐或其他氧化剂混合均可发生爆炸，爆炸产生的压力可达 0.7MPa。对于硫黄粉尘不得采用压缩空气强力吹扫，可采用喷雾增加湿含量 3%以防止粉尘飞扬。除尘设备必须安装在屋顶或室外，且严禁使用硬的物体如铁铲清除硫黄，所以在有可能产生火花的设备（如粉碎或螺旋输送设备）前必须设置除铁器。风机若发

① ppm 为 parts per million 的缩写，代表 10^{-6}。

生故障必须报警，以防止粉尘飞扬，而且，硫黄设备用电器必须满足 AS/NZS 6105 标准。

3.2.4 硫化

根据《橡胶制品工业污染物排放标准》（GB 27632—2011）中关于污染物排放浓度规定中所列出的污染物种类，硫化烟气组分大致为非甲烷总烃、甲苯、二甲苯及恶臭污染物硫化氢、二氧化硫。硫化车间（见图 3-7）产生大量的 VOCs。根据制品的性能和用途不同，橡胶的硫化过程可采取多种不同的硫化方法，其中热硫化是目前大多数橡胶制品普遍采用的方法。硫化压力、温度和时间是橡胶硫化三要素。硫化压力的选取主要根据产品的类型、配方、可塑性等因素决定；硫化温度的高低可直接影响硫化速度和产品质量，一般应综合考虑橡胶的种类、硫化体系和制品结构等。因此，不同的橡胶制品产生的硫化烟气的组成和含量是大不相同的。橡胶硫化会产生挥发物，主要来源于：①聚合物中残存的单体的释放；②防老剂工艺油、胶浆等有机助剂的挥发；③硫化促进剂热反应生成物；④促进剂和软化剂等。具体分析如下。

图 3-7 硫化车间

（1）烃类（非甲烷总烃）

指除甲烷以外的所有可挥发的碳氢化合物（主要是 C2～C8），又称非甲烷总（NMHC）。大气中的 NMHC 超过一定浓度，除直接对人体健康有害外，在一定条件下经日光照射还能产生光化学烟雾，对环境和人类造成危害。

（2）苯系物

健康危害：对皮肤、黏膜有刺激性，对中枢神经系统有麻醉作用。

急性中毒：短时间内吸入较高浓度该品可出现眼及上呼吸道明显刺激症状、眼结膜及咽部充血、头晕、头痛、恶心、呕吐、胸闷、四肢无力、步态蹒跚、意识模糊。重症者可有躁动、抽搐、昏迷。

慢性中毒：长期接触可发生神经衰弱综合征、肝肿大、女性月经异常等，出现皮肤干燥、皲裂、皮炎。

环境危害：对环境有严重危害，对空气、水环境可造成污染。

燃爆危险：该品易燃，其蒸气与空气混合能形成爆炸性混合物。

（3）硫化氢（H_2S）

强烈的神经毒素，对黏膜有强烈刺激作用。它能溶于水，0℃时 1 mol 水能溶解 2.6 mol 左右的 H_2S。H_2S 的水溶液叫氢硫酸，是一种弱酸，当它受热时，H_2S 又从水里逸出。H_2S 是一种急性剧毒，吸入少量高浓度 H_2S 可于短时间内致命。低浓度的 H_2S 对眼、呼吸系统及中枢神经都有影响。

（4）二氧化硫（SO_2）

易被湿润的黏膜表面吸收生成亚硫酸、硫酸。对眼及呼吸道黏膜有强烈的刺激作用。大量吸入可引起肺水肿、喉水肿、声带痉挛而致窒息。

SO_2 还可被人体吸收进入血液，对全身产生毒性作用，它能破坏酶的活力，影响人体新陈代谢，对肝脏造成一定的损害。对动物的慢性毒性试验显示，SO_2 有全身性毒性作用，出现免疫反应受抑制的现象。由于 SO_2 的直接刺激作用，以及其对免疫反应的抑制作用，长期接触者可能会有呼吸道疾病发病率增加或感冒后不易痊愈的症状。一项调查发现，长期接触 SO_2 的人员慢性鼻炎的患病率较高，主要表现为鼻黏膜肥厚或萎缩，鼻甲肥大，或嗅觉迟钝等；牙齿酸蚀症的患病率较高；肺通气功能明显改变，时间肺活量及最大通气量的均值降低；肝功能检查与正常组比较有显著差异。

SO_2还具有促癌性。动物试验结果表明，10 mg/m^{3}的SO_2可以加强苯并[*a*]芘的致癌作用，这种协同作用下的癌症发病率高于单致癌因子的发病率。此外，SO_2容易被空气中的粉尘催化氧化，进而形成硫酸型酸雨。

3.3 大气污染物排放现状

我国橡胶制品工业企业颗粒物排放浓度为3～18 mg/nm^3，使用密闭式炼胶的企业在生产管理较好的情况下，颗粒物排放浓度低于 10 mg/nm^3。炼胶和硫化工艺过程所排放的废气中非甲烷总烃的浓度低于10 mg/nm^3。2012 年实施的《橡胶制品工业污染物排放标准》（GB 27632—2011）规定：现有轮胎企业及其他制品企业炼胶、硫化装置中非甲烷总烃的排放限值为 20 mg/nm^3，胶浆制备、浸浆、胶浆喷涂和涂胶装置中非甲烷总烃的排放限值为120 mg/nm^3；新建轮胎制品及其他制品企业炼胶装置颗粒物排放限值为 12 mg/nm^3，炼胶、硫化工艺装置中非甲烷总烃的排放限值为 10 mg/nm^3，胶浆制备、浸浆、胶浆喷涂和涂胶等工艺装置中非甲烷总烃的排放限值为100 mg/nm^3，胶浆制备、浸浆、胶浆喷涂和涂胶装置中。

3.4 主要大气污染防治控制技术

3.4.1 密炼环节废气处理

常见的密炼车间废气处理技术有吸附法、吸收法、UV 光解法、低温等离子法、燃烧法、生物法。

根据密炼车间的废气成分分析，废气中包含烟尘油雾、硫化物、有机挥发物。单一的废气处理技术只能处理特定废气成分，不能完全处理全部废气。因此，综合几种废气处理技术的优缺点，吸取同行业的相关经验，采用联合废气处理方式，将吸收法、吸附法、催化燃烧法结合在一起，整合并优化系统各阶段设备结构，结合国内橡胶厂炼胶车间实际状况和国家相关的排放标准，可选用袋滤器除尘预处理、喷淋吸收—UV 光解（低温等离子）—活性炭吸附或者袋滤器除尘预处理、喷淋吸收—活性炭吸附/脱附的炼胶废气处理复合处理技术，使废气达标排放。

3.4.1.1 技术原理及工艺流程

针对废气的不同成分采用不同的去除手段，对废气中的颗粒粉尘采用物理方法去除；对于废气中的硫化氢、二氧化硫等物质采用化学喷淋吸收的方式；有机挥发物采用活性炭物理吸附的方式去除；对于难以去除的有机挥发物采用催化燃烧的方式去除。

3.4.1.2 密炼车间净化阶段

（1）除尘

根据密炼车间实际情况和废气含尘量的不同，有害烟气首先通过相应的布袋除尘器，将其中的颗粒状的粉尘去除。不同除尘器优缺点对比见表 3-3。

表 3-3 不同除尘器优缺点对比

除尘器	原理	适用的粒径/μm	除尘效率/%	优点	缺点
重力沉降室	重力	50～100	40～60	①造价低 ②结构简单 ③压力损失小 ④磨损小 ⑤维修容易 ⑥节省运转费	①不能除去小颗粒粉尘 ②效率较低
挡板式（百叶窗）除尘器	惯性力	10～100	50～70	①造价低 ②结构简单 ③可处理高温气体 ④几乎不用运转费	①不能除去小颗粒粉尘 ②效率较低

除尘器	原理	适用的粒径/μm	除尘效率/%	优点	缺点
旋风式分离器	离心力	3～5	50～80	①设备较便宜 ②占地少 ③可处理高温气体 ④效率较高 ⑤适用于高浓度烟气	①压力损失大 ②不适于黏、湿气体 ③不适于腐蚀性气体
湿式除尘器	湿式	1	80～99	①除尘效率高 ②设备便宜 ③不受温度、湿度影响	①压力损失大 ②用水量大，产生污水 ③容易堵塞
过滤式（袋式）除尘器	过滤	1～20	90～99	①效率高 ②使用方便 ③低浓度气体适用	①容易堵塞，滤布需替换 ②操作费用高
电除尘器	静电	0.05～20	80～99	①效率高 ②可处理高温气体 ③压力损失小 ④低浓度气体适用	①设备费用高 ②粉尘黏附在电极上，对除尘有影响，使效率降低 ③需要维修费用

根据上述橡胶制品生产过程中粉尘和烟气等颗粒污染物的来源和排放特性，以及除尘设备的应用比较，橡胶制品生产企业可考虑以下几种除尘装置的选择和组合。

①烟气颗粒物的粒径较小，几微米以下粒径占多数，应选用湿式、过滤式除尘器或电除尘器；粉尘颗粒物的粒径较大，以 10 μm 以上粒径占多数，可选用机械除尘器（重力沉降室、挡板式除尘器、旋风式分离器）。

②排放的气体污染物中含颗粒浓度较高时，可用机械化除尘；含颗粒浓度低时，可采用文丘里洗涤器；若气体的进口含颗粒浓度较高而又要求气体出口的含颗粒浓度低时，则可采用多级除尘器串联组合方式除尘，先用机械式除尘器除去较大颗粒，再用电除尘器或过滤式除尘器去除较小粒径的颗粒。

③对于黏附性比较强的颗粒，最好采用湿式除尘器，不宜采用过滤式除尘器，因为易造成滤布堵塞；也不宜采用静电除尘器，因为颗粒黏附在电极表面将使电除尘器的效率降低。

④如采用电除尘器，一般可以预先通过温度、湿度调节或添加化学药品的方法，使颗粒的电阻率在足够大的范围内；电除尘器只适用在500℃以下的情况。

⑤气体温度增高，黏性将增大，流动时压力损失增加，除尘效率也会下降；而温度过低，低于露点温度时，会有水分凝出，增大颗粒的黏附性。故一般应在比露点温度高20℃的条件下进行除尘。

⑥排放的气体污染物中有时会含有易燃易爆的气体，如CO，应将CO氧化为CO_2后再进行除尘。

目前已应用的常规除尘器可去除10^{-1}～10^{2} μm的微粒，去除小于10^{-1} μm的微粒在技术上还有一定困难。需要去除的颗粒越小，除尘器效率越低。

（2）喷淋吸收

除掉粉尘后的气体进入碱液喷淋罐，通过含碱液体的喷淋，使其中的硫化氢、二氧化硫等能够与碱性溶液反应的气体去除，并且通过喷淋的作用使油雾液化使其能够随废液流出喷淋罐，同时也使其中的一部分有机挥发物液化排出喷淋罐。

（3）活性炭吸附

通过喷淋罐的气体，其中的二氧化硫、硫化氢和油雾被去除。为了提高去除效果，使气体通过活性炭吸附床，进一步净化气体，活性炭吸附床配有蒸汽反吹管和冷热风管，周期性复活活性炭，提高活性炭的使用寿命。

（4）催化燃烧

通过两道工序的除味，废气中有害气体基本上被除净，但是不同的炼胶配方会有不同的有机挥发物，其中的某些有机挥发物不易被前两个工序去除，将前两个阶段净化后的气体通过催化燃烧炉，使有机挥发物分解成二氧化碳和水，达到排放标准。

3.4.2 硫化环节废气处理

橡胶企业在硫化工段生产过程中，产生的废气主要是硫化废气，产生的污染物主要是非甲烷总烃等挥发性有机废气以及二硫化碳、硫化氢等，其需要在满足

《橡胶制品工业污染物排放标准》（GB 27632—2011）以及《恶臭污染物排放标准》（GB 14554—93）等规定的前提下才能进行排放。常见的硫化车间废气处理技术有微生物分解法、活性炭吸附法、等离子法、液体吸收法。

根据橡胶制品企业调研实际情况，大多数企业硫化车间废气处理采用水喷淋+光氧催化+活性炭吸附。

VOCs 末端治理技术比较多，由于 VOCs 的种类繁多，性质各异，排放条件多样，不同的工艺条件下可以采用不同的 VOCs 废气治理技术。当前部分地方橡胶制品企业主体治理技术是光氧催化+低温等离子技术，采用催化燃烧技术的企业极少。

调研全国 VOCs 治理技术，重点包括吸附脱附技术、活性炭回收技术、高效吸附—脱附—（蓄热）—催化燃烧 VOC 治理技术、高效 VOC 催化燃烧技术、中高浓度 VOC 蓄热—催化燃烧（RCO）技术、RTO 及余热利用技术、低浓度多组分工业废气生物净化技术、变温吸附有机废气治理及溶剂回收技术、冷凝—变压吸附联用有机废气治理技术、转轮与蓄热式燃烧联用有机废气治理技术等。

4 橡胶制品行业全过程环境整治提升方案

企业应根据实际情况优先采用污染预防技术，若仍无法稳定达标排放，应采用适合的末端治理技术。橡胶制品企业应从以下几个方面开展全过程环境整治提升。

4.1 源头控制措施

（1）厂区车间布置应合理。易产生粉尘、噪声、恶臭、废气等的工序和装置应避免布置在靠近住宅楼的厂界以及厂区上风向，与周边环境敏感点距离满足环保要求。

（2）优先采用环保型原辅料。如使用环保型的促进剂、防老剂等。生胶应符合《天然生胶　技术分级橡胶（TSR）规格导则》（GB/T 8081—2018）的规定。禁止使用附带生物污染、有毒有害物质的废橡胶，淘汰矿物系焦油添加剂。鼓励使用石油系列产品，发展无臭环保型再生胶。推广使用新型偶联剂，使用石蜡油等替代普通芳烃油、煤焦油等助剂。

（3）规范原辅料、溶剂贮存。液态挥发性有机物物料应采用密闭管道输送。采用非管道输送方式转移液态挥发性有机物物料时，应采用密闭容器。粉状、粒状挥发性有机物物料应采用气力输送设备、管状带式输送机、螺旋输送机等密闭输送方式，或者采用密闭的包装袋、容器进行物料转移。

（4）挥发性有机物质量占比大于或等于 10%的原辅材料使用过程应优先采取

密闭措施。无法密闭的，应采取局部气体收集措施，废气应排放至挥发性有机物废气收集处理系统。

4.2 工艺过程及装备要求

选用自动化程度高、密闭性强、废气产生量少的生产成套设备，推广应用自动称量、自动配料、自动进料、自动出料的密闭炼胶生产线；炼胶工序优先选用密炼机，逐步淘汰常规开放式炼胶机进行炼胶作业。

调节各种添加剂的种类或用量，提升装备效率，降低各工序操作温度，降低生产过程 VOCs 的产生；炼胶工序优先采用水冷工艺；打浆、浸胶、涂胶等工序在独立密闭空间内进行，对尾气进行收集处理。

4.3 废气收集措施

在废气的收集上要做到“全面、高效”。首先，废气收集装置应涵盖所有产生 VOCs 的工序装备，如塑炼、混炼配料、密炼、开炼、挤出（压出）、压延、硫化、定型、脱硫、打浆、浸胶等生产环节以及溶剂储罐、溶剂贮存车间等易产生 VOCs 的区域。其次，优先进行密闭收集，在无法密闭收集的情况下，安装集气罩进行引风收集，确保较高的废气收集率。

（1）密炼机出料口进行密闭化处理，密炼机、开炼机进出料口、硫化机群设集气罩局部抽风，废气收集后集中处理，硫化罐泄压宜先抽负压再常压开盖。

（2）打浆、浸胶、涂布工序应在密闭空间、密闭设备内进行，对废气进行收集处理；在有机溶剂储罐安装呼吸阀，并接入废气总管。

（3）配料、密炼、开炼、挤出（压出）、压延、硫化、打浆、浸胶等生产车间顶部安装引风装置，废气收集处理后排放。生产环节中工艺温度高、易产生恶臭废气的环节应设置相应的废气收集系统，集气方向应与废气流动方向一致。

（4）当采用上吸罩收集废气时，排风罩设计应符合《排风罩的分类和技术条件》（GB/T 16758—2008）的要求，尽量靠近污染物排放点，除满足安全生产和职业卫生要求外，控制集气罩口断面平均风速不低于 0.3 m/s。

（5）采用生产线整体密闭，密闭区域内换风次数原则上不少于 20 次/h；采用车间整体密闭换风，车间换风次数原则上不少于 8 次/h。

（6）废气收集处理系统应与生产工艺设备同步运行。废气收集处理系统发生故障或检修时，对应的生产工艺设备应停止运行，待检修完毕后同步投入使用；生产工艺设备不能停止运行或不能及时停止运行的，应设置废气应急处理设施或采取其他替代措施。

（7）废气收集和输送应满足《大气污染治理工程技术导则》（HJ 2000—2010）的要求，管路应有明显的颜色区分及走向标识。

（8）原则上采用圆管收集废气，若采用方管设计的，长宽比例控制在 1∶1.2～1∶1.6 为宜；主管道截面风速应控制在 15 m/s 以下，支管接入主管时，宜与气流方向成 45°倾斜接入，减少阻力损耗。半密闭、密闭集气罩与收集管道连接处视工况设置精密通气阀门。

4.4 末端治理措施

橡胶制品行业废气特点是污染物浓度低、风量大、成分复杂、异味明显。根据《重点行业挥发性有机物综合治理方案》（环大气〔2019〕53 号），应依据排放废气的浓度、组分、风量、温度、湿度、压力以及生产工况等，合理选择适宜高效的治污设施，鼓励采用多种技术的组合工艺。对于低浓度、大风量废气，宜采用沸石转轮吸附、活性炭吸附、减风增浓等浓缩技术，提高 VOCs 浓度后净化处理。低温等离子、光催化、光氧化技术主要适用于恶臭异味等治理；生物法主要适用于低浓度 VOCs 废气治理和恶臭异味治理。

（1）炼胶废气粉尘含量大，要求先进行除尘处理，推荐使用“布袋除尘+介质过滤”等不同的组合处理工艺，在规模不大、不至于扰民的情况下废气经除尘后也可采用低温等离子、多级吸收、吸附和氧化法组合式处理技术。

（2）硫化废气可采用吸收法、吸附法、氧化法、生物法等组合式或者催化燃烧法末端处理技术，不能采取单一的低温等离子或光氧催化方法。

（3）打浆、浸胶工序废气浓度较高，先采用活性炭或碳纤维吸附，尾气再用焚烧法、低温等离子法或生物吸附法等末端处理技术处理。

（4）及时更换吸附剂、吸收剂，废气处理产生的废水收集处理达标后方可排放；产生的废吸附剂按相关要求规范处置，防止二次污染。

（5）VOCs 气体通过净化设备处理达标后由排气筒排入大气，排气筒高度不低于 15 m。

（6）非甲烷总烃初始排放速率 3 kg/h 以上（重点地区 2 kg/h 以上）的，净化率不应低于 80%。

（7）排气筒的出口直径应根据出口流速确定，流速宜取 15 m/s 左右，当采用钢管烟囱且高度较高时或废气量较大时，可适当提高出口流速至 20～25 m/s。

（8）排气筒出口宜朝上，排气筒出口设防雨帽的，防雨帽下方应有倒圆锥形设计，圆锥底端距排放口 30 cm 以上，减少排气阻力。

（9）废气处理设施前后设置永久性采样口，采样口的设置应符合《排污口规范化整治技术要求（试行)》（环监〔1996〕470 号）的要求，并在排放口周边悬挂对应的标识牌。

4.5 现场环境整治

（1）厂区地面应实施硬化，裸露部分应进行绿化，厂区内外环境卫生应保持干净整洁。车间内地面、设备、墙壁保持洁净，并随时进行打扫。生产现场保证环境清洁、整洁，管理有序，危险废物、废气排放点、监测点等应有明显标识。严禁堆放与工艺生产无关的物品。

（2）生产过程中无跑冒漏现象，对管道伸缩、接口的处理、阀门、法兰等点位应建立巡查制度，定期专人 2 次/d 巡查并有巡查记录。

（3）车间地面采取防渗、防漏和防腐措施，厂区道路应进行硬化处理，排水管系统及建（构）筑物进出水管应有防腐蚀、防沉降、防折断措施。

（4）厂区污水收集和排放系统等各类污水管线设置清晰，实行雨污分流。

4.6 强化监督管理

（1）设置 VOCs 防治管理部门或专职人员，负责监督厂内 VOCs 污染防治相关工作。

（2）制定环境保护管理制度，包括环保设施运行管理制度、废气处理设施定期保养制度、环境监测制度、溶剂使用回收制度、环保奖励和考核制度、环保事故应急预案制度等。

（3）加强废气监测。应按《排污许可证申请与核发技术规范 橡胶和塑料制品工业》（HJ 1122—2020）、《排污单位自行监测技术指南 橡胶和塑料制品》（HJ 1207—2021）的相关规定，定期对废气（排放口、厂界、厂区内）进行监测，环评批复文件或地方有更严格要求的从其规定。

（4）建立健全的台账，包括废气监测台账、废气处理设施运行台账、含有机溶剂物料的消耗台账、废气处理耗材（活性炭、催化剂）更换台账等。

（5）加强废气处理设施运行管理，制定确保废气处理装置长期有效运行的管理方案和监控方案，经审核备案后作为环境监察的依据。同时，废气处理装置管理和监控应满足以下基本要求：凡采用焚烧（含热氧化）、吸附、等离子、光氧化等处理技术的必须建设中控系统；安装总挥发性有机物（TVOCs）在线连续监测系统。

（6）要求制订环保报告程序，包括出现项目停产、废气处理设施停运、事故等情况时的报告制度。

（7）落实“一厂一策”制度。鼓励辖区内 VOCs 排放量较大的橡胶制品企业组织专家团队开展《涉 VOCs 企业深度污染防治方案（“一厂一策”）》编制工作，明确原辅材料替代、工艺改进、无组织排放管控、废气收集、治污设施建设等全过程减排要求，测算投资成本和减排效益。

4.7 信息公开要求

企业根据自身情况，逐条对照本整治规范的要求进行自查（表 4-1），认为完成整治工作并符合本规范要求后，开展监测。监测合格后委托专家或专业机构进行整治绩效评估，评估合格后填报信息公开表，在当地生态环境部门或企业自身网站上进行公示，并向当地生态环境部门备案。备案材料如下。

（1）基础信息，包括单位名称、组织机构代码、法定代表人、生产地址、联系方式，以及生产经营和管理服务的主要内容、产品及规模。

（2）排污信息，包括主要污染物及特征污染物的名称、排放方式、排放口数量和分布情况、排放浓度和总量、超标情况，以及执行的污染物排放标准、核定的排放总量。

（3）防治污染设施的建设和运行情况。

（4）建设项目环境影响评价及其他环境保护行政许可情况。

（5）突发环境事件应急预案。

（6）其他应当公开的环境信息。

列入国家重点监控企业名单的重点排污单位还应当公开其环境自行监测方案。

企业完成整治工作并按要求进行了信息公开视同完成整治。县（市、区）生态环境局定期统一公开纳入整治的企业名单及整治进展，接受社会监督。

表 4-1 橡胶制品行业全过程整治提升对照

类别	内容	序号	判断依据	是否符合
源头控制	空间布局	1	厂区车间布置合理化，与周边环境敏感点距离满足环保要求	
	原辅物料	2	优先采用环保型原辅料，如环保型的促进剂、防老剂等	
		3	生胶应符合 GB/T 8081—2018 的规定	
		4	禁止使用矿物系焦油添加剂	
		5	鼓励使用石油系列产品和林化产品，发展无臭环保型再生胶	
		6	禁止使用附带生物污染、有毒有害物质的废橡胶	
		7	有机溶剂进行密闭贮存，并配套废气收集处置装置	
		8	大宗有机物料要求储罐贮存，鼓励管道输送；减少小型桶装物料的使用	
	装载	9	有机物料输送原则上采用重力流或泵送方式替代真空方式	
		10	有机液体进料采用底部、浸入管给料方式，替代喷溅式给料	
		11	挥发性有机液体采用底部装载方式；采用顶部浸没式装载，出料管口距离槽（罐）底部高度小于 200 mm	
	输送	12	废气收集系统的输送管道密闭，废气收集系统在负压下运行	
		13	含 VOCs 物料的储存、输送，涉 VOCs 物料的生产及含 VOCs 产品分装等过程密闭操作	
	投料	14	粉状、粒状物料采用气力输送方式或采用密闭固体投料器等给料方式密闭投加；无法密闭投加的，在密闭空间内操作或进行局部气体收集，废气排至除尘设施、VOCs 废气收集处理系统	
		15	液态 VOCs 物料采用密闭管道输送方式或采用高位槽（罐）、桶泵等给料方式密闭投加；无法密闭投加的，在密闭空间内操作或进行局部气体收集，废气排至 VOCs 废气收集处理系统	
	装备	16	选用自动化程度高、密闭性强、废气产生量少的生产成套设备，推广应用自动称量、自动配料、自动进料、自动出料的密闭炼胶生产线	
	生产工艺	17	鼓励企业通过各种添加剂的调节和装备的提升，降低各工序操作温度	
		18	炼胶工序优先采用水冷工序，打浆、浸胶、涂装等工序在密闭空间内进行	

类别	内容	序号	判断依据	是否符合
污染防治	废气收集	19	废气的收集 “全面、高效”	
		20	炼胶、硫化、打浆、浸胶等车间顶部安装引风装置，废气收集后处理后排放	
		21	车间换风次数原则上不少于 8 次/h（车间整体密闭换风）。生产线整体密闭，密闭区域内换风次数原则上不少于 20 次/h	
		22	上吸罩收集废气时，排风罩设计必须满足《排风罩的分类及技术条件》（GB/T 16758—2008）的要求，集气罩口断面平均风速不低于 0.3 m/s；管路有明显的颜色区分及走向标识，所有气体收集管路不得有破损，管线连接处需有密封垫。收集系统要与生产设备、废气处理设施同步启动。设备性能参数要与现场情况一致	
	末端处理	23	废气收集处理系统应与生产工艺设备同步运行	
		24	炼胶废气要求先进行除尘处理，除尘器在日常使用过程中，应定期检查和清灰，以保证除尘器的正常运转和使用，任何时候粉尘沉积厚度都不应超过 3.2 mm	
		25	打浆浸胶工序废气先进行溶剂回收后再处理	
		26	非甲烷总烃初始排放速率 3 kg/h 以上（重点地区 2 kg/h 以上）的，VOCs 废气净化率不低于 80%，车间内及厂界无明显恶臭	
		27	废气排放应满足《橡胶制品工业污染物排放标准》（GB 27632—2011）、《恶臭污染物排放标准》（GB 14554—93）、《大气污染物综合排放标准》（GB 16297—1996，适用于轮胎翻新）、《挥发性有机物无组织排放控制标准》（GB 37822—2019）等标准相关要求	
		28	VOCs 气体通过净化设备处理达标后由排气筒排入大气，排气筒高度不低于 15 m	
		29	排气筒的出口直径应根据出口流速确定，流速宜取 15 m/s 左右，当采用钢管烟囱且高度较高时或废气量较大时，可适当提高出口流速至 20～25 m/s	
		30	排气筒出口宜朝上，排气筒出口设防雨帽的，防雨帽下方应有倒圆锥形设计，圆锥底端距排放口 30 cm 以上，减少排气阻力	
		31	废气处理设施前后设置永久性采样口，采样口的设置应符合《气体参数测量和采样的固定位装置》（HJ/T 1—92）的要求，并在排放口周边悬挂对应的标识牌	

类别	内容	序号	判断依据	是否符合
现场管理	厂区车间现场	32	厂区地面应实施硬化，裸露部分应进行绿化，厂区内外环境卫生应保持干净整洁。车间内地面、设备、墙壁保持洁净，并随时进行打扫。生产现场保证环境清洁、整洁、管理有序，危险废物、废气排放点、监测点等应有明显标识。严禁堆放与工艺生产无关的物品	
	检查维修	33	生产过程中无跑冒漏现象，对管道伸缩、接口的处理、阀门、法兰等点位应建立巡查制度，专人定期巡查并有巡查记录	
环境管理	内部环境管理	34	成立环保管理机构，引进专业环保人员，负责厂内环保相关工作	
		35	制定环境保护管理制度，包括环保设施运行管理制度、废气处理设施定期保养制度、环保奖励和考核制度、环保事故应急预案、环境监测制度、溶剂使用回收制度	
		36	建立健全的台账，包括环境管理制度及档案资料规范化，台账资料齐全。 （1）环评审批手续（环评报告及批复，环保竣工验收报告）； （2）有效期内的排污许可证正副本； （3）有效期内的监测报告； （4）与资质公司签订的危险废物处置协议（涉及危险废物产生的单位），危险废物转移联单，危险废物产生管理台账； （5）污染防治设施运行及维护台账； （6）重污染天气应急预案； （7）废气监测台账； （8）废气处理设施运行台账； （9）废气处理耗材（吸附剂等）的使用量和更换及转移处置台账等	
		37	加强废气处理设施运行管理。制定确保废气处理装置长期有效运行的管理方案和监控方案，经审核备案后作为环境监察的依据	
		38	要求制订环保报告程序，包括出现项目停产、废气处理设施停运、事故等情况时的报告制度和处置方法	
	环境监测	39	定期对废气排放口、厂界、厂区内进行监测，监测指标、频次等按照 HJ 1122—2020 相关规定执行，环评批复文件或地方有更严格要求的，从其规定	

4.8 推行“一厂一策”制度

聘请专家团队对 VOCs 排放量较大的橡胶制品企业开展“一厂一策”方案编制工作，明确原辅材料替代、工艺改进、无组织排放管控、废气收集、治污设施建设等全过程减排要求，制订不同等级环境风险应对措施，测算投资成本和减排效益，为企业有效开展 VOCs 综合治理提供技术服务。

5 橡胶制品行业清洁生产技术

5.1 源头削减技术

5.1.1 原辅材料替代

（1）使用环保型的促进剂。橡胶工业中普遍使用的硫化促进剂，具有低毒性、有刺激性气味、刺激皮肤和黏膜、能引起皮炎及难以治疗的皮肤溃疡以及不适合做与食物接触的橡胶制品等缺点。新型环保促进剂在原有配方基础上进行创新，符合产品的性能要求（硬度、扯断强度、扯断伸长率、老化系数），生产过程达到绿色环保的目的。

（2）使用环保防老剂。橡胶在使用过程中，会受到外界因素（如臭氧老化、热氧老化等）影响而老化，导致其物理机械性能发生变化，使橡胶失去弹性，机械性能下降，使用寿命缩短。为了解决橡胶老化问题，有必要在橡胶中加入适当助剂，以便抑制或延缓老化进程，延长使用寿命，这种用于防止橡胶老化的助剂即防老剂。防老剂产量及品种居橡胶助剂之首。胺类防老剂因防老化性能良好，是目前产量和用量最大的品种之一，但其分子结构中含有氨基，易产生致癌物质，且会使橡胶制品变色或在表面出现喷霜现象，因此使用受到了一定的局限。其他通常使用的防老剂也大多具有毒性或存在污染性。

环保防老剂包括酚类防老剂、磷类防老剂、稀土防老剂、复合型防老剂。防老剂的发展趋势是开发高效、多功能、绿色环保的防老剂。

（3）使用无臭环保型再生胶。再生橡胶是以废旧轮胎、板管带等废橡胶制品或橡胶制品生产中已硫化的边角废料为原料加工成的、有一定可塑度、能重新使用的橡胶，简称再生胶。再生胶能部分地代替生胶用于橡胶制品，以节约生胶及炭黑，也有利于改善加工性能及橡胶制品的某些性能。再生过程是废胶在增塑剂（软化剂和活化剂）、氧、热和机械剪切的综合作用下使硫化橡胶的部分分子链和交联点断裂的过程。软化剂起膨胀和增塑作用，常用的有芳烃油、松焦油、石油系软化剂。活化剂能缩短再生时间，减少软化剂用量。常用的活化剂为芳香族硫醇及其锌盐和芳香族二硫化物。再生胶生产过程包括粉碎、再生（脱硫）和精炼 3 个工序。

环保再生胶是指无污染、无放射、无渗透、不含对人体有害的物质的再生胶。再生胶的标准为中国橡胶工业协会于 2018 年颁布的《E 系再生橡胶》（T/CRIA 21001—2018）。

（4）使用橡胶助剂预分散母粒。预分散橡胶助剂母粒由高用量的橡胶助剂（尤其是难分散的无机粉体）和低用量的生胶以及少量的增塑剂和分散助剂等通过特定的混合、分散及造粒工艺制备而得，橡胶助剂预分散母粒不仅改善了橡胶助剂在橡胶中的混入速度、分散程度和分散均匀性，而且便于称量，还能减少污染，节能减排，达到提高橡胶制品产量和质量的目的，是制备绿色轮胎亟须的高性能原材料。

5.1.2 原辅料密闭输送

粉状、粒状物料应采用气力输送设备、管状带式输送机、螺旋输送机等密闭输送方式，或者采用密闭的包装袋、容器进行物料转移。橡胶粉体类原辅料建议采用气力输送系统（图 5-1）。

图 5-1 胶粉气力输送系统

胶粉是指废旧橡胶制品经粉碎加工处理而得到的粉末状橡胶材料。从粉体工程上讲，胶粉是一种粉粒状材料，所以对于胶粉来说粒子尺寸（比表面积）、表面形态及基团和本身的成分对它的使用性能将有重要影响。胶粉越细，其性能越好。越细的胶粉其硫化胶的拉伸强度、伸长率和磨耗等越接近于未加胶粉的。而耐疲劳性、抗裂口增长等性能均比未加胶粉的高，越细的提高幅度越大。

胶粉气力输送系统按类型可分为：正压输送，负压输送，正、负压组合输送。

（1）正压气力输送系统：一般工作压力为 0.1～0.5 MPa。适宜于从一处向多处进行分散输送。适合于大容量、长距离输送。分离器和除尘器的结构比较简单，因为都是正压，物料易从排料口排出。可以方便地发现漏气的位置，以便及时处理。由于带粉尘气体不通过风机内部，对风机的磨损少，使用寿命长。

（2）负压气力输送系统：一般工作压力为–0.04～0.08 MPa。适用于多点向一点输送物料。对于堆积面积广，或装在低处、深处的物料输送至高料位，有其特殊的方便之处。双料罐或料斗下部地方狭窄，无法安设压送式供料器时，采用吸送式很方便。加料点不会粉尘飞扬，给料点可以敞开。供料器的结构远比压送式简单。由于是吸送，风机中如有油分或水分不会混入物料，这对食品类物料的输送很有益。由于是负压吸送，输送管道沿线不会有物料往外泄漏。

（3）正、负压组合输送是以上两种方式的组合。

胶粉气力输送系统具有以下特点。

（1）环保性最好，管路内的粉尘不会泄漏到环境中。

（2）胶粉气体输送设备的制造、维护要求低，工人的可操作性强。

（3）使用的压力（真空度）小，安全性高。

（4）气体（一般为气体）取自大气，气体的温度即当时当地的气温，对热敏性物料尤为适宜。

（5）胶粉风送系统输送为连续式，亦可间断，管道内无积存。

（6）胶粉气流输送易实现多点进料、多点卸料的输送工程目标。

（7）气体动力源一般为离心风机、罗茨风机（泵），使用寿命长。

（8）适宜短距离输送，一般不超过 100 m；对工艺过程中的输送尤为适宜。

（9）对输送物料的适应性强，粉料、颗粒料均可顺利输送。

5.2 过程控制技术

5.2.1 固体小料自动称量技术

固体小料自动称量技术的实现方式较多，目的是实现小料自动称量控制，该工艺的应用可以提高称量精度，消除小料粉尘污染，改善现场环境，降低工人劳动强度，提高生产效率。小料自动称量设备见图 5-2。

图 5-2 小料自动称量设备

5.2.2 液体小料自动计量技术

该技术适用于液体小料称量和进料过程。炼胶生产使用的软化剂等液体小料含有脂肪烃油、环烷油、芳香烃油、机油等易挥发性组分，传统人工称量精度差，称量过程易造成 VOCs 排放。采用液体自动计量系统，设置计量泵实现自动称重、自动投料，提高精度的同时减少 VOCs 排放。

5.2.3 混炼工艺技术

橡胶混炼是橡胶加工技术的瓶颈，是产品性能的关键。橡胶混炼过程能量消耗巨大，几乎占轮胎生产总能耗的 40%，通常 1 t 通过密炼机 2 段至 3 段的混炼胶，消耗电能达 400 kW·h。因此，近年来，混炼工艺的技术创新引起人们极大关注，混炼工艺由间歇法向连续法转变是一个重要的技术创新。低温一次法连续混炼及双螺杆或双转子连续混炼等技术取得了较好的开发和应用，湿法混炼工艺技术也有了重大突破。

5.2.3.1 低温一次法连续混炼工艺

传统的混炼工艺基本上都是采用密炼机连续多段高温混炼，每一段都要经过多次反复高温加热和冷却，其中40%的能量都消耗在加热和降温的过程中，能耗大、耗时长、效率低。

低温连续混炼技术是集冷态碎胶、自动称量、一次法炼胶于一体的混炼工艺技术，一般采用“密炼机加6～8台开炼机”的配置形式的一次法炼胶工艺，将原有传统的母炼加终炼工艺过程改为母炼到终炼一次完成，即胶料通过密炼机高温混炼后，先经过第一台开炼机冷却，再通过中央输送系统对称地分配到周围多个开炼机上进行连续低温混炼，制得终炼胶，全过程实现自动控制。

低温一次法连续混炼工艺减少了胶料中间传递环节，节约了混炼时间，使原材料转化为混炼胶的时间由原来的12 h缩短为30 min，降低了企业原材料占用成本。由于只有一次密炼机高温混炼，胶料大部分时间在开炼机上低温混炼，降低了能耗，同时，低温混炼有利于改善炭黑分散，可以提高胶料的物理机械性能。

5.2.3.2 双螺杆或双转子连续混炼工艺

传统的混炼工艺是胶料投入密炼室，在冷态下启动混炼，需要较大的功率，电耗大。而且，在混炼过程中，胶料快速剪切所产生的热量无法排除，一般均控制在较短时间内将高温胶片排出冷却，根据工艺要求进行2段、3段混炼。

采用双螺杆或双转子连续混炼工艺，可以将胶料剪切过程产生的热能加以利用，使其提高进入双螺杆混炼段胶料的温度，与密炼生产工艺相比，可以节省电能消耗50%以上，同时实现连续混炼过程的温度控制，以及混炼的连续生产。

5.2.3.3 湿法混炼工艺

湿法混炼工艺技术（见图5-3）是将天然橡胶或合成橡胶在胶乳状态时直接加入炭黑或白炭黑浆料，制成橡胶—炭黑或白炭黑共混橡胶。这是近代橡胶混炼技术的重大创新。与传统的干法混炼相比，湿法混炼工艺可以从根本上解决炭黑或白炭黑在加工过程中粉尘飞扬的问题，可以减少混炼段数，减少混炼过程的能源消耗。据测算，采用湿法混炼工艺生产相同重量（体积）的混炼胶，可以减少 30%～40%的能量消耗；可以大幅减少混炼设备的投资，节约资金约 30%；可以有效改善橡胶与炭黑或白炭黑之间的混合效果，提高混炼胶的均匀性；提高胶料的物理机械性能，延长产品寿命。

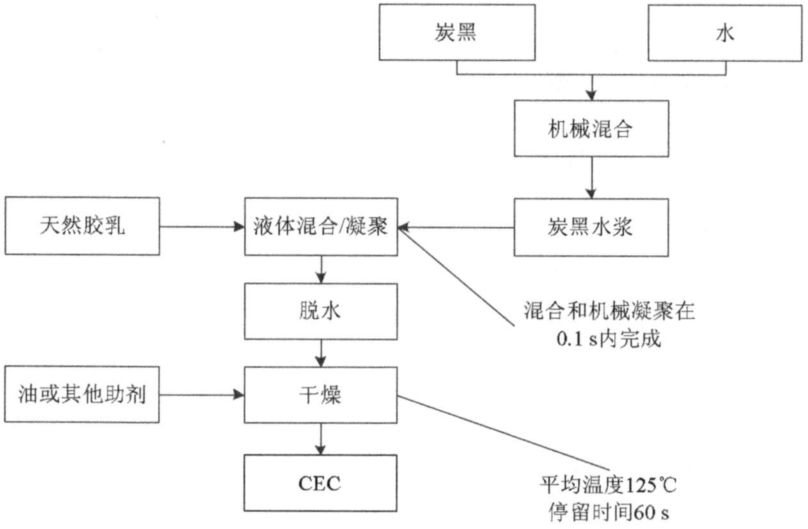

图 5-3　湿法混炼橡胶工艺技术

5.2.4　高温管道及硫化机隔热保温

高温管道及硫化机隔热保温采用可拆卸重复利用的保温材料构件应用于管道外表面，达到降低热量损失、节约能源、改善环境的目的。但是，检修管道拆卸后很难重复利用。

5.2.5　高温充氮硫化技术

传统的轮胎硫化工艺是以过热水作为轮胎硫化热源并提供轮胎硫化内压。其中过热水由锅炉加热软化水后送到硫化车间动力站，再经过动力站除氧罐除氧，成为高温无氧软化水，利用动力站的热水泵把过热水送到硫化机台。该工艺过程需要消耗大量的水、燃料和电，总体能量耗用量巨大。

高温充氮硫化技术是以饱和蒸汽为热源，利用高压氮气给轮胎硫化提供内压。该工艺的应用使轮胎硫化不再需要过热水，因此有利于节约能源、缩短硫化时间、提高生产效率。

5.2.6 橡胶助剂造粒技术

橡胶助剂造粒技术是化工小料、生胶或其他材料预混合、挤出后造粒和自动称量技术，该工艺有助于减少粉尘、改善生产环境，有利于实现自动化称量、开炼机上加硫等工艺。目前，造粒技术在助剂行业应用较为普遍，轮胎企业采购时只需提出要求，但可能会带来成本的上升。

5.2.7 冷却水循环利用技术

基本上每个轮胎企业都有结合自己工艺特点的冷却水循环利用技术，大多数轮胎企业采用“闭路循环冷却、智能化在线自动监控”的形式，有的企业还采用 2 套沙滤装置（多介质过滤器及活性炭过滤器）来提高循环水的水质，去除循环水中的悬浮物和有机杂质，从而提高产品质量。

5.2.8 胶片水冷技术

该技术适用于轮胎制造胶片冷却过程。胶片冷却装置是将混炼胶经压片机压出的胶片进行冷却的装置。主要工艺过程设备由涂隔离剂装置、提升运输带、冷却输送装置、切刀叠片装置、传动装置以及控制系统等组成。轮胎行业主流采用风冷形式，开炼胶片在下片机开片后由传送带送至冷却室吹风冷却，强制鼓风。该过程产生大量的冷却废气，冷却废气中存在低浓度恶臭污染物。采用水冷技术，开炼胶片在下片机开片后由传送带送至冷却室直接与水接触冷却，胶片送至水冷机底部后，在水冷机内沿传送带来回往复前进，最终从冷却室另一端上口出片，完成整个冷却过程。使用水冷可避免废气产生，但会产生一定量的废水。

5.2.9 胎面/胎侧连续称量控制技术

胎面/胎侧连续称量控制技术是在光电监测器的定位信号下，根据设定的重量上限和重量下限分选出合格半部件，确保后道工序的加工质量，降低操作人员劳动强度，提高生产速度。由于采取了实时监控的办法，大幅提高了半部件的精度，从而提高了最终产品的质量。

5.2.10 半钢轮胎纤维压延、全钢轮胎内衬层压出/压延电子束预硫化技术

电子束预硫化技术是通过电子加速器发射的高能电子束在橡胶基体中激活橡胶分子，产生橡胶大分子自由基，使其以自由基为出发点发生聚合，并引起连锁反应，被裂解分子的一部分与其他分子发生冲突失去能量后恢复到基底状态，而产生碳碳键重组形成三维网状结构的过程。该工艺有助于提高半成品的强度，使半成品成型过程中变形均匀，减薄内衬层的厚度，从而节省材料成本，缩短硫化时间，降低滚阻，使轮胎轻量化，同时确保成型过程中胎体帘线的密度，从而提升轮胎各项性能稳定性及质量。需要关注的是，辐照电子束对作业人员及环境有影响，另外可能会在一定程度上影响压延的效率。

5.2.11 轮胎自动化成型及半部件大卷化技术

轮胎自动化成型及半部件大卷化技术主要是从提高成型机自动化程度、定位精度，以及减轻劳动强度、提高劳动生产率的角度提出的工艺要求，目前国内大部分轮胎企业都还处于摸索时期，还没有成功投入应用的案例。与成型自动化技术相关联的胎面等半部件的大卷化技术，对产品质量和生产效率等都有很大帮助。对现有工厂，是否投入该技术，要充分考虑车间现有设备的布局。此外，该技术投入费用也较高。

5.2.12 变频控制技术

对轮胎企业，变频控制技术主要应用于公用工程各供水系统中，以及在炼胶车间和主厂房，用于将大功率直流电机改为变频电机。该技术利用变频恒压控制替代原有的旁路、回路控制方式；用变频调速代替直流调速。变频控制技术可提高控制精度，提高设备功率因数，减少谐波干扰，降低电机维修费用，节约电能。

5.2.13 余热发电和利用技术

目前，国内轮胎企业使用比较多的余热发电和利用技术就是溴化锂制冷机利用硫化余热资源。该技术的应用需要较高的初期投入，约 1 000 万元/套，但可以节约水、汽、电的耗用。

5.2.14 分压供蒸汽技术

产品线比较大、硫化所需要的内外压蒸汽有较大压差的轮胎企业可以采用这种技术，即以不同的蒸汽压力供给满足相应硫化机台的工艺要求，可以节约燃料动力费用。

5.2.15 硫化后冷凝水回收利用

硫化后冷凝水回收利用，包括冷凝水回收、冷凝水蒸气回水、余热制冷与采暖等，即把废蒸汽混合物经过处理后，净水实现再循环，蒸汽用于溴化锂制冷、锅炉给水加热等，减少能耗损失，实现能源再利用。

5.3 末端治理技术

橡胶制品 VOCs 治理过程中有机废气的处理方法种类繁多，特点各异。针对有机废气的种类、去除率等情况进行综合考虑，常用的有吸附法、燃烧法、冷凝法、其他治理技术等。

5.3.1 废气污染治理技术

5.3.1.1 吸附法 VOCs 治理技术

吸附法利用吸附剂与 VOCs 进行物理结合或化学反应将污染物去除，适用于中、低浓度 VOCs 治理。该技术利用吸附剂（活性炭、活性炭纤维、分子筛等）吸附废气中的 VOCs 污染物，使之与废气分离，简称吸附技术。主要包括固定床吸附技术、移动床吸附技术、流化床吸附技术、旋转式吸附技术。

常用吸附剂有活性炭和分子筛。活性炭对水吸附性很强，如果湿度大于 60% 则不适合使用，沸点高于 120℃的废气也不适用，易发生燃烧或爆炸危险。分子筛经过人工改性可以提高疏水性，并增强对指定 VOCs 的去除效果，耐高温性比活性炭好。常用的吸附技术为固定床吸附技术和旋转式吸附技术，优点是普适性高、易操作；缺点是不适用于高浓度、高温、高湿有机气体，吸附材料需要定期更换。VOCs 去除率随吸附剂使用时间而变化，一般为 30%～90%。

（1）固定床吸附技术

吸附过程中吸附剂床层处于静止状态，对废气中的 VOCs 进行吸附分离。橡胶制品工业一般使用活性炭作为吸附剂。应根据污染物处理量、处理要求等定时再生或更换吸附剂以保证治理设施的去除效率。入口废气颗粒物浓度宜低于 1 mg/m^3，温度宜低于 40℃，相对湿度（RH）宜低于 80%。若废气中的污染物易在活性炭存在时发生聚合、交联、氧化等反应，不宜采用活性炭吸附技术。该技术的技术参数应满足《吸附法工业有机废气治理工程技术规范》（HJ 2026—2013）的相关要求。活性炭吸附材料通过解吸而循环利用，脱附的 VOCs 可通过冷凝技术进行回收或通过燃烧技术进行消除。

（2）旋转式吸附技术

吸附过程中废气与吸附剂床层呈相对旋转运动状态，对废气中的 VOCs 污染物进行吸附分离，一般包括转轮式、转筒（塔）式。橡胶制品工业使用分子筛作为吸附剂，用于低浓度 VOCs 废气的预浓缩，脱附废气一般采用催化燃烧或蓄热燃烧技术进行治理。入口废气颗粒物浓度宜低于 1 mg/m^3，温度宜低于 40℃，RH 宜低于 80%。该技术的技术参数应满足 HJ 2026—2013 的相关要求。

5.3.1.2 燃烧法 VOCs 治理技术

（1）热力燃烧技术

该技术采用燃烧的方法使废气中的 VOCs 反应转化为二氧化碳、水等物质。该技术产生的高温废气宜进行热能回收，并用于烘干工序。该技术的 VOCs 去除效率通常可达 95%以上。

（2）蓄热燃烧技术

该技术采用燃烧的方法使废气中的 VOCs 污染物反应转化为二氧化碳、水等物质，并利用蓄热体对燃烧产生的热量蓄积、利用。采用的典型治理技术路线为"旋转式分子筛吸附浓缩+RTO"和"减风增浓+RTO"。橡胶制品生产工艺产生的无组织废气收集后，宜采用吸附技术进行预浓缩，再经 RTO 治理。两室 RTO 的 VOCs 去除效率通常可达 90%以上，多室床式或旋转式 RTO 的 VOCs 去除效率通常可达 95%以上。非连续生产工况下或入口废气浓度水平波动较大时，采用该技术治理废气的能耗会增加。中大型企业较适合采用该技术，通过余热回用可减少运行费用。

（3）催化燃烧技术

在催化剂作用下，废气中的 VOCs 反应转化为二氧化碳、水等物质。该技术反应温度低、不产生热力型氮氧化物。橡胶制品工业采用的典型治理技术路线为"活性炭吸附/旋转式分子筛吸附浓缩+CO"和"减风增浓+CO"。CO 的 VOCs 去除效率通常可达 95%以上。当废气中含有硫化物、卤化物、有机硅、有机磷等致催化剂中毒物质时，不宜采用此技术。该技术的技术参数应满足《催化燃烧法工业有机废气治理工程技术规范》（HJ 2027—2013）的相关要求。

5.3.1.3 冷凝法 VOCs 治理技术

冷凝法是利用不同物质在不同温度下具有不同饱和蒸气压这一性质，采用降低系统温度或提高系统压力的方式使处于气体状态的 VOCs 冷凝，并从混合的气体中脱离出来。冷凝法适用于回收浓度大于 25 mg/m^3 的有机废气，在一定的温度下，VOCs 的原始浓度越大，去除率越高。冷凝法不适宜处理低浓度的有机气体（尤其当 VOCs 的原始浓度低于 25 mg/m^3 时），常用于配合其他处理方式，作为净化高浓度废气的前处理，以降低有机负荷，回收有机物。

5.3.1.4 其他 VOCs 治理技术

（1）光催化氧化技术

该技术工作原理就是利用特制的高能高臭氧 UV 紫外线光束照射废气，裂解工业废气，使有机或无机高分子恶臭化合物分子链在高能紫外线光束照射下，降解转变成 CO_2、H_2O 等低分子化合物。紫外线光束分解空气中的氧分子产生游离氧，即活性氧，因游离氧所携正负电子不平衡，所以需与氧分子结合，进而产生臭氧。臭氧对有机物具有极强的氧化作用，工业废气利用排风设备输入净化设备后，净化设备运用高能 UV 紫外线光束及臭氧对工业废气进行协同分解氧化反应，使工业废气物质降解转化成 CO_2、H_2O 等低分子化合物，再通过排风管道排出室外。光催化反应主要在催化剂表面进行，借助半导体光催化剂对一定波长内的光响应性能进行反应，利用光子的作用，改变还原反应和氧化反应。常用的光催化氧化催化剂一般为二氧化钛，利用二氧化钛进行光催化时，二氧化钛接受特定波长的光子后，对其全部吸收，产生带有负电的光生电子，与吸附在表面的物质发生化学反应。

（2）等离子体技术

等离子体技术是在强电场下，气体放电形成高能电子、离子、激发态原子及自由基，最终形成各级激发态氧等离子体和臭氧，作用于 VOCs，将其氧化、离解成 CO_2、CO、H_2O 等小分子物质。该方法适用于低浓度（通常$<$500 mg/m^3）、大风量有机物净化，也可净化室内空气。优点是可低温去除 VOCs、运维容易、装置简单、开启方便；缺点是电源决定电子能量和最终处理效果，废气要预处理，并注意放电安全。VOCs 去除率一般为 50%左右。一般情况下，应根据废气浓度、流量、特征污染物种类、去除率要求选取合适的处理技术或技术组合，同时还应

综合考虑设备成本、运行成本和维护成本等因素。

（3）臭氧催化氧化法

臭氧是一种具有强氧化性的气体，臭氧单独降解 VOCs 反应速率较慢，并且具有选择性。与单独臭氧氧化相比，结合催化剂使用的臭氧催化氧化技术是一种高级氧化技术，能够降解废水中难降解的 VOCs。该技术在气体污染物治理方面近几年刚刚引发学者们的关注，已经成为废气处理领域的研究热点。有学者研究制备了 $NiO/Y-Al_2O_3$ 催化剂对芳烃进行臭氧催化氧化处理，结果表明当 NiO 的负载量为 15%、煅烧温度为 550℃时，催化剂对芳烃的去除效率可以达到 84%。有学者制备的纳米铁氧化物催化剂，在温度为 120～180℃时，臭氧催化氧化处理甲苯的降解效率可以高达 90%以上。

（4）生物法 VOCs 治理技术

含 VOCs 的有毒有臭味废气，经专管集中导入生物过滤器（生物过滤器内的填料在预处理时，与菌种混合，经培养使填料上附着大量的微生物，并形成生物膜）进行净化和降解。生物膜中的微生物以废气中的污染物为养料得以生长繁殖，同时又对 VOCs 进行生物分解及脱臭处理，将其降解成为 CO_2 和 H_2O 后再排出，从而达到净化废气的目的。高效生物过滤器是废气生物净化的关键，高效生物过滤器的关键是净化器内的生物菌种的选择、生物填料的选择以及高效生物膜形成：高效菌种需要能够处理含硫化物、挥发性有机物等废气，并使培养出的生物膜可以自身繁殖代谢，自我更新，无须添加菌种；高效生物填料需要填料表面积大、耐用、亲水性好，可使用 5～10 a；生物膜技术需要将微生物菌种固定在高效生物载体上，由多种菌种形成一种复合体系。

（5）膜处理技术

膜处理技术是一种新型高效分离技术，装置的中心部分为膜元件，常用的膜元件为平板膜、中空纤维膜和卷式膜，又可分为气体分离膜和液体分离膜等。气体膜分离技术利用有机蒸气与空气透过膜的能力不同，使二者分开。该方法已成功地应用于许多领域，用其他方法难以回收的有机物，用该方法可有效解决。目前，我国采用膜分离法回收 VOCs 的技术处于起步阶段，距实现工业化应用还有一段距离。

5.3.2 固体废物资源化利用技术

橡胶制品生产中产生的废纸、废塑料、废金属等一般固体废物，属于可再生资源的宜由有资质的机构回购并进行再生利用，回收利用比例宜大于或等于 98%，可产生经济效益。

5.3.3 其他固体废物安全处置措施

橡胶制品生产中产生的危险废物，应委托有资质的单位进行危险废物处置，以满足《危险废物贮存污染控制标准》（GB 18597—2001）和《危险废物转移联单管理办法》等文件的要求。

5.3.4 噪声污染治理技术

企业规划布局宜使主要噪声源远离厂界和噪声敏感点。由橡胶制品生产设备和辅助设备的振动、摩擦和撞击等引起的机械噪声，可采取减震、隔声措施，如对设备加装减震垫、隔声罩或将某些设备传动的硬件连接改为软件连接；车间内可采取吸声和隔声等降噪措施；对于空气动力性噪声，可采取安装消声器等措施。

6 橡胶制品企业清洁生产技术应用案例

6.1 橡胶制品企业综合废气处理技术应用案例

Y 橡胶制品企业生产工艺流程如图 6-1 所示，炼胶、压延压出、成型、硫化等过程都会产生大量有机废气。其中压延压出（包括成型）工段废气气量约为 220 000 m^3/h，VOCs 浓度为 20～30 mg/m^3，恶臭浓度为 3 000（无量纲），颗粒物浓度为 1 mg/m^3。《橡胶制品工业污染物排放标准》（GB 27632—2011）中要求生产每吨胶所排放的非甲烷总烃不超过 2 000 m^3/h，若废气不经处理直接排放，显然无法达到要求，且由于废气气量大，导致污染物排放总量多，长此以往将对环境造成严重污染。另外，由于该企业所有生产工序在一个大车间内，生产过程中各工序 90%以上的废气被收集处理，其余一部分废气直接扩散至车间环境中，造成车间气味刺鼻、空气污染物浓度超标，不符合《工作场所有害因素职业接触限值　第 1 部分：化学有害因素》（GBZ 2.1—2007）要求。《橡胶制品工业污染物排放标准》也要求厂界无组织废气中甲苯、二甲苯和非甲烷总烃的浓度分别不超过 2.4 mg/m^3、1.2 mg/m^3 和 4.0 mg/m^3。针对上述两个问题，分别进行了方案设计和小试研究，以期减少压延压出工段废气气量和污染物排放量、降低车间环境污染物浓度，达到污染物排放要求。

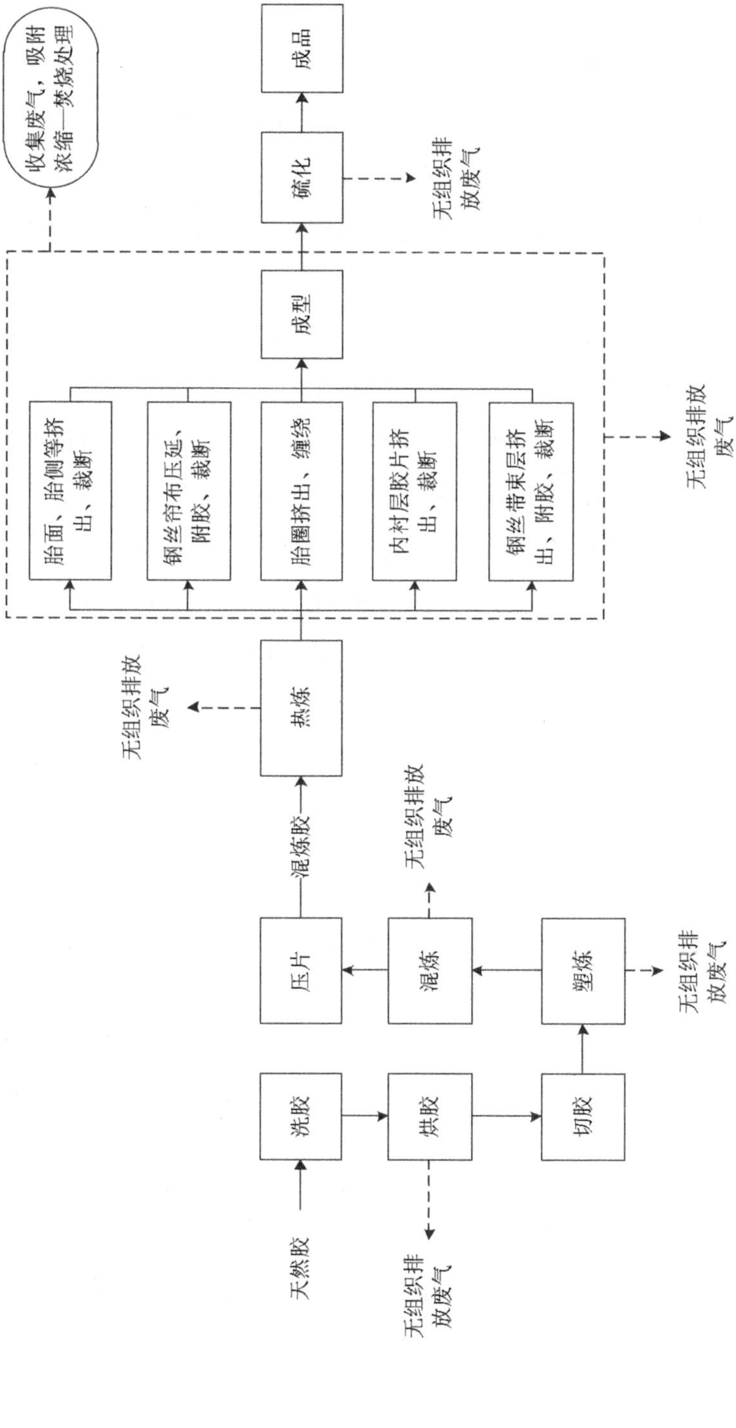

图 6-1 Y 橡胶制品企业工艺流程及废气产生情况

（1）VOCs 处理工艺流程

VOCs 处理工艺流程如图 6-2 所示。

①含非甲烷总烃、恶臭、固体颗粒物和细小油性雾滴等污染物的废气收集后先经过滤棉处理，去除固体颗粒物和细小油性雾滴。

②处理后的废气进入活性炭吸附塔进行吸附，其吸附效率大于 90%，经吸附后的恶臭浓度≤300；经处理达标的废气高空外排。

③废气处理设备经一段时间运行后，活性炭会达到饱和状态，采用 80℃以上热空气直接通入饱和活性炭床层对活性炭进行脱附。

④脱附后产生的高浓度有机废气进入焚烧炉进行焚烧处理，焚烧产生的尾气进入热交换器，将热能传递给脱附饱和活性炭用的新鲜空气。

⑤出热交换器的焚烧烟气中含高浓度的二氧化硫（约 50 000 mg/m^3），经二级喷淋吸收塔脱硫后达标排放。脱硫剂采用 NaOH，反应生成的 Na_2SO_3 氧化采用塔内氧化工艺。脱硫浆液达到 20%盐度后纳管排放。1 t 水可处理 100 kg SO_2，远大于其他湿法脱硫工艺，最大限度地减小了废水排放。

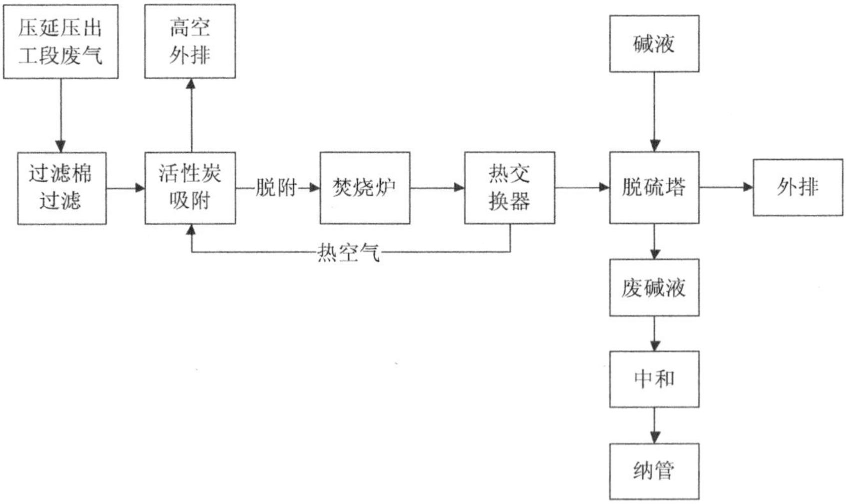

图 6-2 吸附浓缩—焚烧技术工艺流程

（2）工艺装备及材料

在设计和施工过程中充分考虑生产线全天候生产所要求废气处理系统应具有的可靠性及备用系统的完整性，在活性炭罐之间及管道阀门切换上实现自动化控制，充分考虑操作人员的便利性和安全性。

（3）过滤棉

采用过滤棉过滤废气中的烟雾油珠，过滤棉采用玻璃纤维过滤棉，纤维丝纤细，排列均匀有序，制成逐渐加密的逆床层结构（过滤棉前段至后段孔径逐渐由大到小），使废气中油类通过滤棉时均可被阻拦，分担滤棉表面的纳污量，不会因表面满负荷而阻隔其余部分的纳污，造成纳污不均匀。同时，该种滤棉具有低压缩性能，可以保持其外形空隙不因压缩降低纳污体积。该过滤设备的过滤效率可达 92%左右，容尘为 7 500 g/m^2。滤棉达到满负荷后进行更换，吸附棉更换时间为 410 h。

（4）吸附装置

选用结构简单、工艺成熟、性能可靠、操作弹性大的固定床吸附器，由于项目风量大、浓度低，选择固定床卧式吸附器。

（5）吸附剂

根据市售吸附剂的性能特征，结合企业废气特征，选用蜂窝状活性炭作为吸附剂。蜂窝状活性炭的风阻很小，在 2 m/s 的风速下，风阻小于 80 N，只有粒状活性炭的十几分之一，具有优越的动力学性能。在实际应用中，若以粒状活性炭为吸附剂，设备的气速一般只有 0.11～0.16 m/s；而以蜂窝状活性炭为吸附剂时，设备的气速可以在较大范围内选取，最高可达 2 m/s。因此，蜂窝状活性炭很适合应用在大风量条件下对有机废气进行吸附净化。当活性炭更换后成为危险废物，应委托相关单位进行回收处理。

（6）脱附方式

针对活性炭，将脱附温度定为 80℃，采用热风加热的方式再生。宜每周集中 1 d 对所有活性炭进行一次脱附，便于脱附废气的集中处理，节省脱附时所需燃料。

（7）脱附废气处理

脱附废气随热风进入焚烧炉焚烧，彻底去除有害气体。具体过程：首先焚烧炉加热，达到脱附温度后，脱附下来的高浓度有机废气进入焚烧炉燃烧，同时其热能又提供脱附加温，大量节省燃料，为企业降低运行成本。焚烧炉设置有测温点，实时显示燃烧温度曲线，采用工频风机，炉内维持负压状态，保证没有有害气体逸出；根据出口温度随时自动调整焚烧温度和脱附温度，使燃烧室状态处于最佳状态，并且使脱附温度控制在一定安全范围内。焚烧炉设置有紧急排放口，防止其在气量突然增加、停电等异常情况下因炉内压增高自动开启，保证设备安全可靠。

（8）焚烧废气处理

含 SO_2 的焚烧废气入脱硫塔进行碱法脱硫处理，其脱硫效率高。脱硫塔底部碱液槽设置波美度仪，测量碱液的盐度，每处理 1 t SO_2 消耗 8 t 水，用水量远小于其他湿法脱硫工艺，最大限度地降低了用水量，从而减少废液产生量。

（9）工艺特点

本项目采用卧式活性炭吸附床，四用一备，活性炭脱附或更换不影响系统的运行。选用优质蜂窝活性炭，吸附容量大，阻力小，不易堵，易再生，效率高，寿命长。活性炭脱附周期为 15 d，平时运行无须人员值守。活性炭每 2～4 a 更换一次，设备操作简易方便。脱附后的废气经焚烧处理，放出的热量足以加热用于脱附的新鲜空气，形成自持燃烧过程。

其具有以下优点：在除臭的同时将废气中的有机物完全矿化为对环境无害的 CO_2 和 H_2O，实现绿色环保；工程中吸附、脱附依次衔接，实现了资源的最大化利用；工艺先进，技术指标完全满足环保要求；设备性能好，运行费用低，具有良好的经济性；焚烧尾气的余热利用，达到了节能的目的。

6.2 橡胶制品企业硫化废气收集处理技术应用案例

上海某橡胶制品生产企业主要生产橡胶扶手带，橡胶开炼阶段添加的促进剂包括硫黄、CBS（$C_{13}H_{16}N_2S_2$）、TMTM（$C_6H_{12}N_2S_3$），工艺流程及主要废气产污节点如图 6-3 所示。

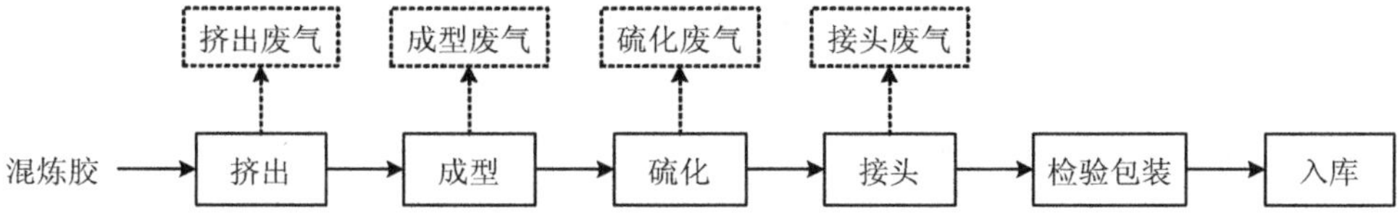

图 6-3 工艺流程及主要废气产污节点

此案例采用模压硫化，成型后的半成品分段送入硫化机模具中，蒸汽加热，温度可达 175℃，硫化结束的橡胶段被拉到冷却芯上，通过冷却芯里的冷却水间接冷却。硫化车间内设有 8 条硫化生产线，每条生产线 2 个操作面，共 16 个操作面。硫化废气排放主要在开模和冷却工位。

6.2.1 废气收集方案

（1）改善车间局部排风

如图 6-4 所示，硫化机每个操作面的开模和冷却工位均设置了排风罩，开模工位设顶吸罩 3 700 mm×100 mm，冷却工位设顶吸罩 4 000 mm×500 mm。每个顶吸罩上方设 3 个排风口，下方设置软帘以尽可能将工作区域封闭起来，增大捕集效率。每个操作面各配置 1 台离心风机，每台风机风量为 5 000 m^3/h，共 80 000 m^3/h。

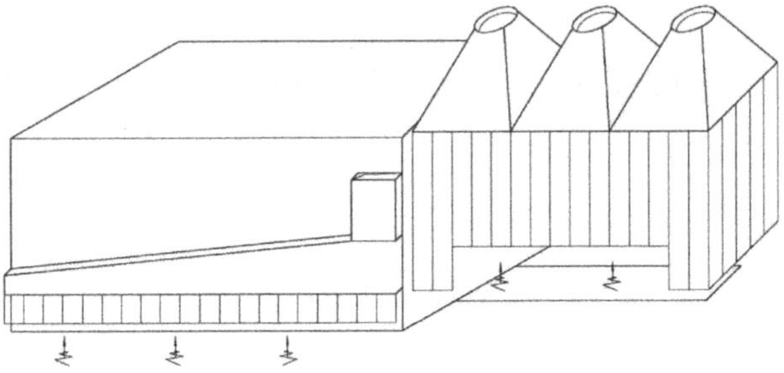

图 6-4 硫化工位废气收集方案

（2）改善车间整体排风

硫化车间作业时门窗紧闭，将物流进出门由普通门更换为快速移动门，平时移动门呈关闭状态，工人从人流小门进出，这样的工作状态可保证硫化车间呈密闭负压排风状态。

生产车间采用密闭微负压设计后，室内外压差不低于 3 Pa 时，可以有效控制车间无组织废气排放。

《洁净厂房设计规范》（GB 50073—2013）的推荐值为压差 5 Pa 时换气次数 1～2 次/h；《实用供热空调设计手册》推荐值为压差 4.9 Pa 时换气次数 0.7 次/h。此案例硫化车间负压换气次数见表 6-1。

表 6-1 硫化车间负压换气次数

车 间	车间体积/m^3	排风量/（m^3/h）	送风量/（m^3/h）	负压风量/（m^3/h）	车间负压换气次数/（次/h）
硫化车间	16 440	50 000	—	50 000	3.04

经计算，硫化车间负压换气次数较高，为 3.04 次/h，可有效控制车间无组织废气排放。

（3）硫化废气收集效率

通过改善硫化车间局部排风和车间整体排风，通过车间逸散到外环境的硫化废气量大幅减少，对硫化废气的收集效率可达 95%。

6.2.2 废气处理方案

（1）工艺原理

活性炭转轮+除 CS_2 分子筛+催化燃烧是一种用于处理中低浓度 VOCs 和 CS_2 的节能型环保设备组合。

（2）活性炭转轮工艺原理

如图 6-5 所示，转轮上的活性炭纤维吸附通过转轮的废气中的 VOCs 分子，经净化后废气达标排放。当吸附区接近饱和时，转轮旋转至脱附再生区，经少量高温空气（约 110℃）脱附再生，形成 VOCs 浓缩气体，浓缩气体进催化氧化炉（约 350℃）燃烧分解；经脱附再生后的转轮回到吸附区继续吸附。

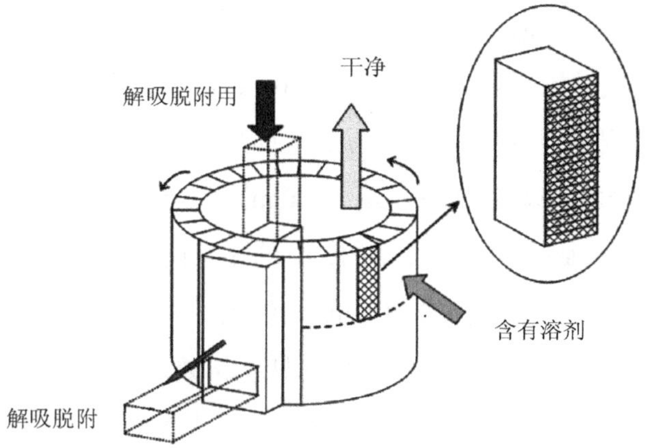

图 6-5 活性炭转轮废气浓缩

（3）催化燃烧工艺原理

催化燃烧是典型的气—固相催化反应，其实质是活性氧参与的深度氧化作用。催化剂的作用是降低反应的活化能，同时使反应物分子富集于催化剂表面，以提高反应速率。借助催化剂可使有机废气在较低的起燃温度条件下发生无焰燃烧，氧化分解为 CO_2 和 H_2O，同时放热。催化燃烧放出的热量通过热交换器可以将浓缩废气的温度提高，减少燃烧热量的消耗，起到节能效果。

硫化废气中有含硫气体，可能导致催化剂失活。根据经验值，如果含硫气体的处理浓度低于 20 mg/m^3，对催化剂的影响不大。根据工程分析，此企业硫化车间 CS_2 产生浓度约为 0.9 mg/m^3，活性炭转轮浓缩倍数为 20，因此，催化燃烧的 CS_2 处理浓度为 18.0 mg/m^3，且通过定期检测、增加催化剂更换频率等环境管理措施，可以最大幅度减少含硫气体对催化剂活性的影响，保障催化燃烧装置的正常运行。

（4）除 CS_2 分子筛工艺原理

除 CS_2 分子筛是一种人工合成的具有筛选 CS_2 作用的水合硅铝酸盐，具有吸附能力高、选择性强、耐高温等优点。

（5）工艺、设备参数

针对此案例产生的硫化废气，本研究设置了一套干式过滤+活性炭转轮+除 CS_2 分子筛+催化燃烧装置，其包含 1 套预处理系统（初、中过滤器，过滤器重约 75 kg）、1 套活性炭转轮系统（活性炭重约 0.12 t，浓缩倍数约为 20）、1 套热交换催化系统（催化剂装载量 0.15 t，热源为电能）、3 台离心风机（包括 1 台主风机，风量 80 000 m^3/h；1 台脱附风机，脱附风量 2 500 m^3/h；1 台补风机，补风量 2 500 m^3/h）、1 套电控系统以及 1 根直径 1.3 m、高 15 m 的排气筒。

活性炭转轮装置的空塔速度为 1.8 m/s。催化后的尾气（2 500 m^3/h，约 100℃）接入净化设备入口。未混合前的进口废气温度≤40℃，混合后的废气温度≤43℃，入口处温度的略微提高，对活性炭的净化效率基本无影响。催化后的尾气浓度略高于净化设备入口处的浓度，通过再次净化可提高处理效率。

（6）硫化废气处理效率

此装置对非甲烷总烃的处理效率为 80%，对 CS_2 的处理效率为 92%。此企业环保竣工验收监测报告显示，硫化废气经处理后非甲烷总烃和 CS_2 的实测排放浓度分别为 3.97 mg/m^3 和 0.07 mg/m^3，其中非甲烷总烃经换算后基准排放浓度为 6.17 mg/m^3。因此，硫化废气经处理后，非甲烷总烃的基准排放浓度可以达到《橡胶制品工业污染物排放标准》（GB 27632—2011）的要求。

6.3 橡胶制品企业废水处理技术应用案例

目前，国内轮胎生产企业对生产废水的处理以除油为主，在处理工艺上主要有混凝法、气浮法、高级氧化法、生化法等，往往需要将几种工艺联合才可处理达标。结合该橡胶制品企业具体水质，采用气浮+A/O 工艺处理轮胎生产废水，具体流程见图 6-6。物化法联合生化法是现有的对橡胶制品废水处理较有效的工艺，且已在众多实践中取得较好的治理效果。但由于轮胎废水可生化性较差，因此，将项目生活污水、餐饮废水等均引入该处理设施与轮胎废水一同进行处理，可有效提高污水中有机污染物的去除效果，减缓城市污水处理厂的压力。

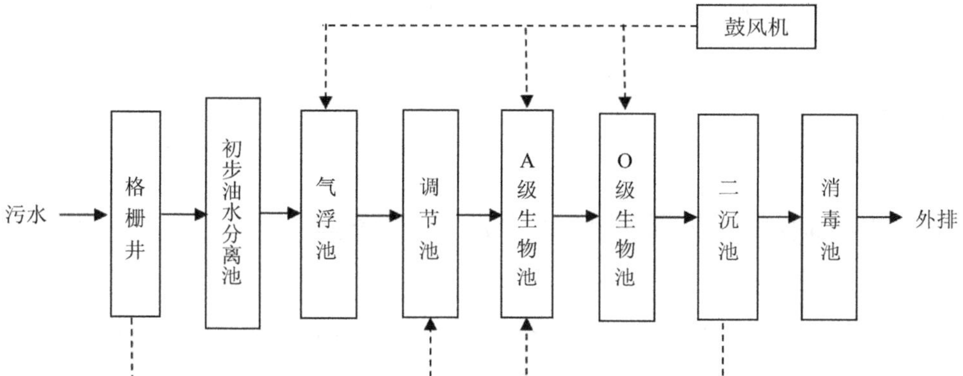

图 6-6 橡胶制品企业废水处理工艺流程

首先经过格栅井中的粗细格栅，去除较大的悬浮物和漂浮物后，进入油水分离池去除表面的浮油，然后经过气浮池，可以进一步增强油类物质的去除效果，该段工艺主要针对生产冷却水和餐饮废水。去油之后的污水进入调节池，以调节污水的水质、水量。调节池的出水由提升泵打入两级生物池，分别为缺氧生物池和好氧生物池。污水在缺氧生物池中可使大分子有机物分解为小分子有机物，不溶性有机物转化为可溶性有机物，并降解可溶性有机物，同时可达到一定的脱氮效果。当污水经缺氧生物池处理后进入好氧生物池进行好氧处理时，污水的可生化性已有所提高。此时好氧生物池中由鼓风机输送充足的空气，使污泥内的微生物具有较高的活性，可快速降解污水中的溶解性有机物。

生物池的出水靠重力自流进入二沉池，使从生物池带出的污泥及污水中的悬浮物沉淀下来。此时，二沉池的出水已达到各项排放标准，进入消毒池，加入次氯酸消毒剂后，输送至厂区回用水池，以备生产回用。二沉池产生的污泥一部分流回厌氧生物池；另一部分经分离器脱水，脱出的水流回调节池，脱水后的污泥外运处理。该污水处理站占地面积小，其采用的 A/O 工艺主要针对生产冷却水、生活污水和餐饮废水。该工艺抗冲击负荷、处理出水稳定、耐毒性、去除效果好，不但可以降解有机污染物，而且对氮、磷有一定的去除效果，满足项目废水处理的要求。

6.4 橡胶制品企业智能胶片冷却联动线案例

人工拾胶取样费时费力、劳动强度大且摆片堆垛精度差，取样失误造成的胶料返工率约为 4%，料桌输入、输出采用叉车，效率低；智能自动取样准确率高于 99.5%，可大幅降低胶料返工率。

6.4.1 接取打印压实装置

接取打印压实装置的新结构主要由浮动辊、摆臂装置、喷码装置、机架、压实装置、电机减速机等组成，如图 6-7 所示。接取打印压实装置原字码采用钢质打印字头结构，根据胶料的不同需要频繁更换字头，现改为自动喷码装置。该喷码装置可实现编辑 LOGO 徽标或中文，可编辑 200 条信息内容，直接在键盘上编辑即可，可与现场计算机软件系统连接，可自动生成信息，无须人工干预。该喷码装置可以选择恒定速度喷码或根据同步编码器给出的速度信号喷码。该喷码装置设有油墨低液位报警功能、循环搅拌功能、喷头自动打通喷嘴功能。

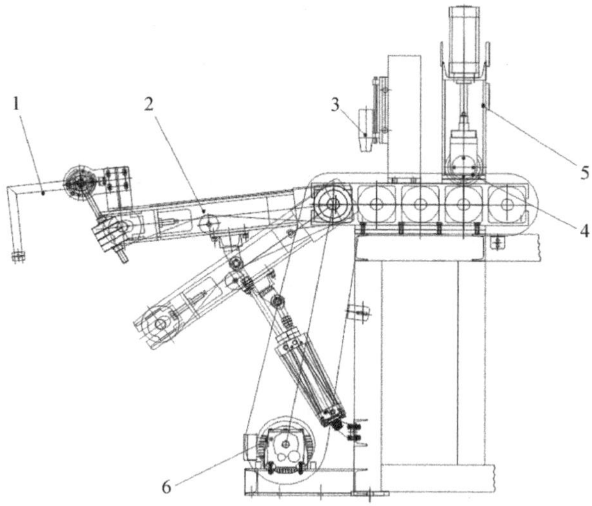

1—浮动辊；2—摆臂装置；3—喷码装置；4—机架；5—压实装置；6—电机减速机

图 6-7 接取打印压实装置

6.4.2 涂隔离剂装置

涂隔离剂装置由浸浆槽和搅拌槽两部分组成。隔离剂水槽由不锈钢板焊接而成，并设自动入胶压辊将胶片引入水槽内，自动进入提升装置，无须人工干预，模块带由变频电机减速机驱动。搅拌槽将搅拌好的隔离剂通过耐热水管道泵打到浸浆槽内，通过液位传感器自动控制液位，无须人工干预。浸浆槽与搅拌槽上端设有连通器，浸浆槽的隔离剂液面高于某位置时自动回流到搅拌槽内，隔离剂可循环使用。在提升入口前设有压缩空气吹干装置，将胶片上的隔离剂吹干。在接取和提升之间浸浆槽两侧设有护栏、安全门和安全拉绳，安全门上设有安全开关，当门被打开时，设备自动报警后停机。涂隔离剂装置如图 6-8 所示。

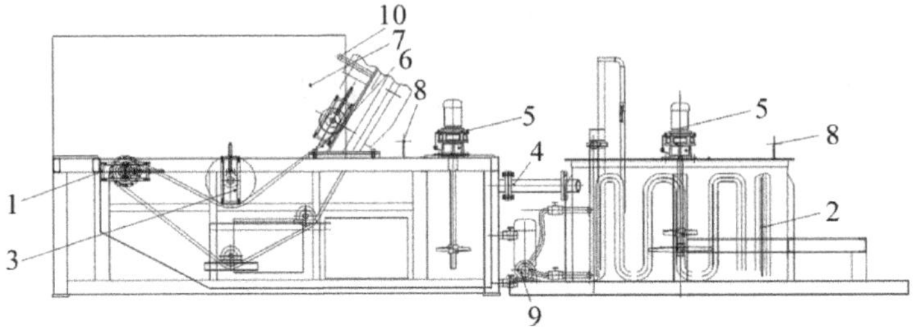

1—浸浆槽；2—搅拌槽；3—入胶压辊；4—连通器；5—搅拌装置；6—提升装置；7—防护装置；8—液压传感器；9—热水管道泵；10—吹干装置

图 6-8　涂隔离剂装置

6.4.3　自动拾胶装置

原胶片冷却后到上下夹持输送装置由人工递头，安全性差，劳动强度大。现在风冷后端增加自动拾胶装置，该装置通过传感器检测到胶片到位，机械手伸出，气缸驱动爪片闭合抓住胶片，在升降驱动的驱动下自动抬起，到达上位自动将胶片放在平夹持输送上，机械手上的爪片张开，胶片被输送到一楼或二楼，机械手回位等待下一个动作。为了防止胶片放下后回落，在平夹持输送增加一个压辊，如图 6-9 所示。

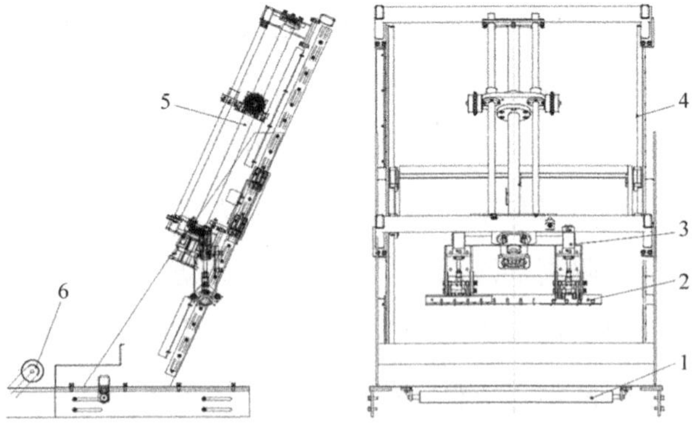

1—托辊；2—爪片；3—机械手；4—机架；5—升降驱动；6—压辊

图 6-9　自动拾胶装置

参考文献

[1] 艾迪. 国际回收再生组织敦促欧盟规定轮胎和橡胶制品的最低再生成分含量[J]. 橡胶科技，2020，18（8）：474.

[2] 田秀英. 橡胶制品硫化废气收集和处理方案研究及效果评估——以上海某橡胶制品生产企业为例[J]. 中国资源综合利用，2020，38（6）：179-182.

[3] 赵博. 较高浓度橡胶制品工业废水处理的应用研究[J]. 绿色科技，2020（4）：62-63.

[4] 柏静. 橡胶制品的工业环境影响评价重点研究[J]. 中国资源综合利用，2020，38（4）：142-144.

[5] 方卫国. 橡胶制品在污水工程中的应用[J]. 建设科技，2019（23）：64-67.

[6] 吴波. 橡胶制品硫化废气的收集及处理探讨[J]. 绿色科技，2019（22）：121-124.

[7] 张楠，祁洪刚. 橡胶制品环境影响评价要点综述[J]. 资源节约与环保，2019（8）：137-138.

[8] 高俊杰. 中和光催化废气恶臭处理技术在橡胶制品行业的应用[J]. 节能与环保，2019（8）：90-91.

[9] 查杨鸿，李志安，童梦淇，等. 橡胶制品厂废润滑油的资源化研究[J]. 嘉应学院学报，2019，37（3）：48-53.

[10] 胡鲁男. 橡胶制品企业环保竣工自主验收中存在的问题与解决办法[J]. 科技经济导刊，2019，678（16）：129-130.

[11] 万祥，张晓雨. 橡胶制品企业项目竣工环保自主验收存在问题及建议[J]. 中国橡胶，2019，35（3）：26-30.

[12] 陆骏，薛飞，周文才. 浅析橡胶制品工业污染物排放标准[J]. 化工管理，2018（30）：173-174.

[13] 何宝平，易双健. VOCs 和异臭味降解剂 ES2 的制备及其在橡胶制品中的应用[J]. 世界橡胶工业，2017，44（9）：37-40.

[14] 李静宜. 循环经济下废旧橡胶的再利用技术问题研究[J]. 中国轮胎资源综合利用，2017（8）：35-38.

[15] 张锋. 橡胶制品行业产污特点和环境影响评价分析要点[J]. 江西建材，2016（8）：287，292.

[16] 杨杉，吕圣红，汪军，等. 酞酸酯在土壤中的环境行为与健康风险研究进展[J]. 中国生态农业学报，2016，24（6）：695-703.

[17] 施晓亮，吴高强，郑磊，等. 橡胶制品生产过程中废气污染物的排放系数[J]. 橡胶工业，2016，63（2）：123-127.

[18] 董诚春. 废旧轮胎资源综合利用[J]. 中国轮胎资源综合利用，2016（2）：45-48.

[19] 汉尔橡胶制品循环再利用项目开建[J]. 建设科技，2015（16）：7.

[20] 金刚，赵阳，李海城. 台州市橡胶制品企业硫化废气建议措施[J]. 科技与企业，2015（14）：106.

[21] 李吉龙，陈泓吉. 橡胶制品工业项目环评标准概述[J]. 中国资源综合利用，2015，33（2）：45-47.

[22] 徐彦昭，马堂文. 橡胶制品工业环境影响评价重点问题研究[J]. 环境科学与管理，2014，39（9）：175-178.

[23] 丁学锋，杨书梅，张慧君，等. 橡胶制品工业含硫恶臭气体分析与评价[J]. 环境科学导刊，2014，33（3）：70-72.

[24] 胡彪，张晓雨，赵新，等. 废旧橡胶制品资源化利用研究进展[J]. 材料导报，2014，28（3）：75-79，87.

[25] 丁学锋，张慧君，曹睿. 橡胶制品工业工艺废气排放因子探讨——以轮胎企业为例[J]. 四川环境，2013，32（6）：83-86.

[26] 于波，陆文彬. 浅析《橡胶制品工业污染物排放标准》[J]. 科技资讯，2013（32）：206-207.

[27] 方绍燕. 橡胶制品工业污水处理工艺设计[J]. 价值工程，2012，31（17）：25-26.

[28] 橡胶制品工业污染物排放标准[J]. 中国环境管理干部学院学报，2012，22（1）：6.

[29] 吴之如. 偷排废气纵癌魔[J]. 绿色视野，2012（1）：68-69.

[30] 杨玲，王斐，丁桂英. 橡胶制品生产中颗粒污染物的控制技术[J]. 青岛理工大学学报，2010，31（4）：83-87.

[31] 匡少平，赵辉，陈红，等. 碱厂白泥制备橡胶填充剂的可行性研究[J]. 环境科学与技术，2010，33（7）：52-56.

[32] 靳玲，刘太闯，刘琼琼. 废橡胶粉的应用研究最新进展[J]. 科协论坛（下半月），2010（3）：114-116.

[33] 岳明，欧天雄. 含油污泥资源化处理技术研究[J]. 石油与天然气化工，2008（3）：259-262，176.

[34] “橡胶制品业产排污系数核算”效力环保[J]. 橡胶工业，2008（3）：145.

[35] 张芝兰. 橡胶制品生产过程中有机废气的排放系数[J]. 橡胶工业，2006（11）：682-683.

[36] 李彩霞，傅国辉，任瑞晨. 热重分析在粉煤灰化学改性效果评价中的应用[J]. 有色矿冶，2006（S1）：103-104.

[37] 吕百龄. 废旧橡胶制品的回收利用[J]. 橡塑技术与装备，2004（7）：16-19.

[38] 何士龙，王丽萍. 石家庄某橡胶制品有限公司生产废水处理[J]. 能源环境保护，2003（5）：40-42.

[39] 李晓辉，陈永毅. 强化治理新的黑色污染并变废为宝[J]. 科技情报开发与经济，2002（6）：50-51.

[40] 谢忠麟. 橡胶制品的环保问题及对策[J]. 中国橡胶，2001（19）：6-10.

[41] 张巧莲，徐保华，付绍斌，等. 油田污泥在橡胶制品中的开发利用研究[J]. 胶体与聚合物，1999（2）：26-29.

[42] 江畹兰. 橡胶工业的环境保护问题[J]. 橡胶译丛，1996（5）：301-303，290.

[43] 程时捷. 废橡胶的回收利用[J]. 橡胶工业，1996（5）：307-308.

[44] 白好胜. 硫化模型的污染及其防护措施[J]. 橡胶技术与装备，1995（5）：13-21.

[45] 范仁德. 废橡胶的回收利用（续 5）[J]. 中国橡胶，1995（19）：23-24.

[46] 范仁德. 废橡胶综合利用的现状及发展方向[J]. 金属再生，1989（2）：56-62.

[47] 胡振铎，边志敏. 治理赤泥污染的新途径[J]. 环境工程，1988，6（1）：32-36.

[48] 国外动态[J]. 化工环保，1987（5）：319-320，269.

[49] 易德和，赵振明. 关于橡胶制品对样品污染的探讨[J]. 环境科学丛刊，1983（3）：43-44.

[50] 橡胶制品制造业排水水质及对策[J]. 工业水处理，1982（3）：61.

[51] 蒋绍辉，王元元，宋天羽. 江苏新沂：开展严防“散乱污”反弹排查提升整治标准[J]. 中国环境监察，2019，44（9）：62.

[52] 古丽君. 工业源 VOCs 污染治理问题及对策[J]. 环境与发展，2019，156（7）：38-39.

[53] 实践[J]. 环境保护，2019，47（14）：7.

[54] 刘志远. 废旧橡胶处理及资源化利用现状[J]. 中国轮胎资源综合利用，2019，263（5）：33-35.

[55] 李大梅. 橡胶硫化废气处理实例研究及效果评估[J]. 江西化工，2019，142（2）：140-143.

[56] 马王钢，蔡少卿，陈煜泉，等. 橡胶行业含炭黑及三苯类废气处理工程实例[J]. 广东化工，2019，390（4）：138-139，141.

[57] 俞云锋，陶佳，刘莹，等. 橡胶企业硫化废气处理工程实例[J]. 广东化工，2018，382（20）：115-116，128.

[58] 翟增秀，李伟芳，邹克华，等. 愉悦度在恶臭污染感官评价中的应用[J]. 环境工程技术学报，2018，8（5）：546-550.

[59] 吴耀珍，李德海，赵斌. 橡胶干搅加工恶臭及有机废气治理方案设计[J]. 科技创新导报，2018，456（24）：115，118.

[60] 陈小方，张伟霞，陈柄旭，等. 江门市人为源挥发性有机物排放清单[J]. 环境科学，2018，39（2）：600-607.

[61] 李俊成，董京洲，陈泽新，等. 某工程橡胶生产废水处理工艺改造实践[J]. 广东化工，2018，365（3）：133-135.

[62] 孔令迎. 橡胶行业硫化车间 VOCs 治理设备[J]. 青岛科技大学学报（自然科学版），2017，38（S2）：105-107.

[63] 程贤甦，陈友明. 废旧轮胎脱硫橡胶新材料的应用[J]. 轮胎工业，2017，37（9）：521-523.

[64] 橡胶轮胎行业被列入《建设项目环境影响评价分类管理名录》[J]. 橡塑技术与装备，2017，

405（17）：31.

[65] 刘宗良，郭庆民. 废轮胎热解炭黑的深加工与综合利用[J]. 再生资源与循环经济，2017，116（8）：28-32.

[66] 王小萍，张欣，杜江华，等. 胶粉的改性及工业应用[J]. 橡胶工业，2017，64（7）：441-445.

[67] 曹庆鑫. 中国废橡胶综合利用行业的发展现状和需要完善的政策[J]. 中国橡胶，2017，779（11）：21-25.

[68] 黄璐，穆江峰. 废旧橡胶再生循环利用技术研究进展[J]. 世界橡胶工业，2015，42（11）：1-8.

[69] 杜少忠，李益万，仇文胜，等. 轮胎行业相关环保法规及应对[J]. 广东化工，2015，291（1）：89-90，81.

[70] 王庆武. 橡胶工业废水处理研讨[J]. 橡塑技术与装备，2013，312（7）：45-48.

[71] 行业动态[J]. 橡胶科技市场，2012，207（3）：16，28，32，38，52-57.

[72] 程海丽，杨飞华，张杰. 改性建筑垃圾作为橡胶填料的可行性研究[J]. 环境污染与防治，2011，218（1）：27-29，35.

[73] 何伟，秦宁，何玘霜，等. 节能减排绩效及其与经济效益协调性的监控和评估[J]. 环境科学学报，2010，30（7）：1499-1509.

[74] 孙书静. 利用真空蒸馏分解废橡胶生产柴油和炭黑技术探讨[J]. 中国橡胶，2009，598（22）：37-38.

[75] 毛卫东. 河南省化工企业清洁生产审核的分析和建议[J]. 河南化工，2009，300（7）：20-23.

[76] 方芳，周勇敏，张继. 废轮胎回收制胶粉及其应用进展[J]. 材料科学与工程学报，2007，105（1）：164-168.

[77] 孙玉海. 轮胎橡胶的回收利用工艺[J]. 橡胶参考资料，2003（6）：9-13.

[78] 白木，周洁. 生产胶粉：废旧轮胎回收利用的方向[J]. 天津橡胶，2003（1）：12-16.

[79] 废轮胎和橡胶废料的回收利用[J]. 中国物资再生，1999（8）：3-5.

[80] 朱稳梁. 废旧轮胎的综合利用[J]. 煤矿环境保护，1999（2）：3-5.

[81] 张立群，杨宏都，李成，等. 橡胶再生中废纤维的回收[J]. 合成橡胶工业，1999（2）：3-5.